MIND心研社图书

为 心 灵 提 供 武 器

简单、实用、走心的心理学书系

THE BLIND

那个特别的疯子

〔美〕A.F.布雷迪 著
赵说说 译

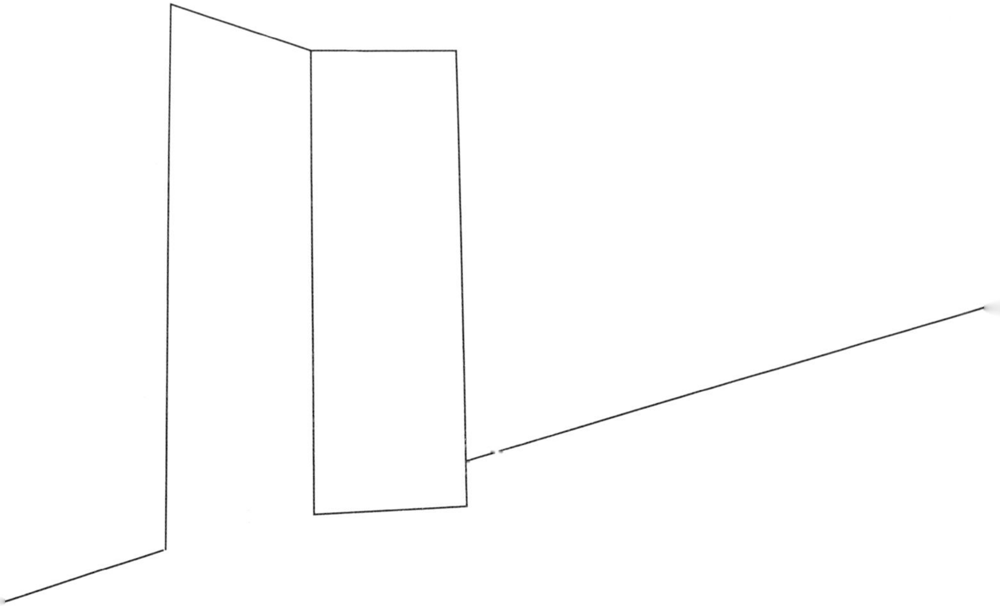

北京联合出版公司
Beijing United Publishing Co.,Ltd.

图书在版编目（CIP）数据

那个特别的疯子 /（美）A·F·布雷迪著；赵说说译. -- 北京：北京联合出版公司，2018.8
ISBN 978-7-5596-2282-2

Ⅰ. ①那… Ⅱ. ①A… ②赵… Ⅲ. ①心理学—通俗读物 Ⅳ. ①B84-49

中国版本图书馆CIP数据核字（2018）第118479号

北京市版权局著作权合同登记号：图字01-2018-1098号

那个特别的疯子
作　　者：[美] A.F. 布雷迪
译　　者：赵说说
总 发 行：北京华景时代文化传媒有限公司
策　　划：耿璟宗
责任编辑：楼淑敏
特约编辑：孙丽新
营销编辑：姜　涛
封面设计：仙境设计

北京联合出版公司出版
（北京市西城区德外大街83号楼9层 100088）
北京中科印刷有限公司印刷 新华书店经销
字数262千字 880毫米×1230毫米 1/32 11.5印张
2018年8月第1版 2018年9月第2次印刷
ISBN 978-7-5596-2282-2
定价：48.00元

为，被误解的

“哦，这你就无可奈何了，”那只猫说，“这里，我们大家都疯了。我疯了，你也疯了。”

“你怎么知道我疯了呢？”爱丽丝问道。

“你一定是疯了，”猫说，“否则你就不会到这里来。”

——刘易斯·卡罗尔《爱丽丝漫游仙境》

目 录

第一部分

伪装成一个正常人

10月18日　上午9：40

我跪在办公室的地板上，抓着垃圾袋口，拧几下打个结，挤出多余的空气。保洁人员总会在垃圾桶底部留下干净的袋子，方便我们更换新的。我发现，把垃圾袋扔进垃圾箱时，真是掩藏醉酒恶臭的最离散[①]级别。我试图相信自己的酒量够好，从来没有吐过，但真相是，我时常在第二天早上醒来发现自己跪坐在办公室的地板上。

我叫萨姆，是一名心理医生，在曼哈顿的一家精神病院工作。并不像你看过的《雨人》或者《移魂女郎》那样，这里没有大片大片蔓延的草坪和修剪整齐的树篱，也没有《飞越疯人院》里宽阔的走廊和3米多高的门。这里闻起来有一股消毒剂和口香糖的混合气味，因为他们在消毒剂里加了口香糖气味的清新剂。这里的灯是荧光灯，总是很强烈，厕所总是坏的。电梯大得像个飞机库似的，但总是挤满了人。我在这里工作了6年，从来没有遇到过电梯里只有自己的时候，而且

① 专业术语，在心理学中用于心理学数据统计。这里有统计之后最高级别的意思。（以下注释若非特别说明，均为译者注。）

每天总有人摁到“报警”的按钮。

走廊墙角的天花板上，到处可见漏水形成的污渍。所有的门都是灰色的，门上椭圆形的玻璃窗被铁丝网封着，除了办公室的门是淡黄色的，但没有窗户。同事们经常在门上用报纸贴着：**吃饭中、会议中**或者**请勿打扰**。不过得经常更换新的报纸，因为病人们会在这些标示上涂抹乱画。

当你走进医院，会觉得世界变得更小了。在这里，外界的一切声音都变得没有必要听了。即便医院在闹市区，我依然觉得听不见外面世界的嘈杂。这里只有一个团体治疗室是向阳的，窗外有很多植物，但房间一直布满灰尘，所以没有人喜欢去那儿。

这家精神病院叫“泰弗洛斯精神疾病中心”，我从来没问过为什么。这里有很多不同类型的病人，一共有106人，最小的16岁，最老的93岁。原本最老的是95岁，但是他几个月前去世了。两排病人的房间，一侧住着男人，另一侧住着女人，两个人一间房。如果有人有暴力问题或者其他问题，可以单独住一个房间。曾经，病人们发现了这一点后，就都变成了暴力者。但是他们没有意识到，单人房就是在之前的房间中间放个可折叠的分隔物，这样隔开后，有人就没有窗户了。

听起来很愚蠢、很好骗，甚至可以说是滑稽可笑的，其实我们和他们没有任何不同。临床心理学家被一点点灌输希望，期待运用天赋和耐心以及努力得到的学位，把所学用于改善别人。我们为自己拥有的这一切骄傲。我们想象自己是牧师。我们被告知这是一份崇高的工作，正直的工作，有益于社会的工作。扯淡！我们跟他们一样。就像在沙漠里，我们无法与病人划出界线，到最后，几乎没有裂隙、没有峡谷可以将我们分离出来。唯一的区别就是我有一间办公室，还有钥匙，他们没有；我来这里拯救他们，他们不能拯救我。

但很多时候，这个界限是模糊的。

人们常说：如果一事无成，那就去当老师吧。是啊，如果你不能拯救自己，那就去拯救别人吧。

10月19日 上午11：12

这个星期开始，来了一个新病人。没人愿意接手他。他的档案几乎一片空白，而关于他的谣言，那些荒诞和令人震惊的故事，已经在员工中传得沸沸扬扬。（他杀了他的上一个咨询师，他拒绝记录有关他的文书档案，他会是一个噩梦般的病人。）其实我也不想接手他，虽然我是一个接手了所有别人不想要的病人的人。

当然，没有人知道他到底是怎样的，关于他的一切，什么是真的，什么是谣言，都是谜。他的档案表格，没有哪一项是明确的，显然在心理评估中，他没有回答任何问题。档案表所记录的，大部分是他的体貌特征等简单的资料。毋庸置疑，他进过监狱，这些记录得很清楚。判了20多年刑，但是不知道什么原因，指控并没有写进档案。在监狱几年后，现在被送到这里当作缓刑的条件。

我们太把自己拥有的权利视为理所当然了，因为我们的病人没有意识到他们有能力对抗它。然而这个家伙来了，使这一切变得不安定起来。我想，在某种程度上，我是尊重他的。我已经开始有点儿厌倦这种办公室生活，我猜这家伙可能会带来一些改变。

10月19日 下午1:15

“那么，来说说遗传是什么意思。”

我正在带一个团体治疗。这是一个心理健康教育团体，我要帮助我的病人们了解他们的诊断结果。心理医生通常会告诉病人，他们有什么问题，然而永远不会用通俗易懂的语言解释其意味着什么。

“意思是它存在于你的家族中，对吗？”这是塔莎万卓雅。她有11个孩子。社会服务机构撤销了她对每一个孩子的监护权。她不确定他们中大多数的下落，她相信其中两个已经死了，但并没有官方确认。这就是她的现实情况。

“完全正确。这意味着有一个遗传因素。那么哪些精神疾病有遗传基因？”我坐在桌子上，我通常这么坐。

“癌症。我妈妈得了乳腺癌，因为她有，所以我也去检查了一下，但是我没有。”露西说道。

“这么做是对的。癌症有很大程度上的遗传，所以如果你的家人中有先例，检查一下是很必要的。那么我们今天在这里所讨论的精神疾病呢？”

“所有的，对不对？我知道，如果你的父母或你的兄弟沉迷于吸毒，你也可能会上瘾。有时，如果你的家人有抑郁症，你也会有。”塔莎万卓雅说。

“对，这是个大问题，”我冲她晃了晃手指，“抑郁症有遗传因素。精神分裂、双相情感障碍[①]，以及在这里治疗的许多其他问题也是如此。”

“所以你就废了？如果你妈精神分裂，你就不能阻止它发生在你身上？所以你生来就完蛋了，你生来就是疯的？哈，就像《天生就坏》那首歌一样？生来就是疯子。”泰勒反驳道。泰勒有精神分裂症，在22岁时发病，这个年龄算是很小了[②]。他似乎对这个世界有了更深的理解，我们其他人却还是普通人。对于我们所争议的事情，他总是平和地看待。泰勒已经宽恕我们了。

“不总是。注意你说话的语气。当你有遗传倾向时，意味着你的家人里有一个人基因突变，你可能会遗传，可能不会。这取决于你生活中发生了什么，取决于你是否接触到那些会帮助你保持良好的事情，或者那些会让你生病的事情。”我从桌子上跳下来。

“什么样的事情会让你生病？毒品还是什么？”泰勒问，“我哥哥和他的朋友在学校里吸毒，后来他就疯了。他被关起来了。在吸毒前他不是这样的。”

“毒品，当然也是。这是一个重要的因素。”我点头并兴致勃勃地

---

① 简称BP，指既有躁狂发作又有抑郁发作的一类疾病，临床表现按照发作特点可以分为抑郁发作、躁狂发作或混合发作。

② 精神分裂症多在青壮年时期发病，所以作者说22岁算是年龄很小的。

解释道，“此外，贫困，饥饿，虐待，成长中没有双亲，或失学。它们就像对你的攻击。因此，如果你有抑郁症或精神分裂症的遗传基因，而且在你的生活中也有这些打击，最终你也可能会得这些疾病。”

“就像三振出局？”泰勒和我在走廊里谈论棒球。恐怕有一天，我会在扬基体育场碰见他。

10月20日 晚上7：44

快到回家的时间了，我才开始处理逃避了一整天的事情。没有一杯酒或一支烟来帮助我，但不管怎样，我还是开始凝视这些无底洞。

我知道当我回到家，我还是一个人，我的手机不会响，我还得看这些，所以不如从现在开始。也许会减轻点儿负担。也许在家的时候就不会那么难过。唯一会发生的，不可避免的，是我必须在回家的地铁上戴着太阳镜。不一定什么原因我就会满脸痛苦，眼睛里装满泪水，每一天，我都得设法撑住眼皮，不泪流满面，直到我的公寓门再次被打开。

也并不总是这样。有时候，事情总是有其道理的。当我回头看，明白发生了什么事的时候，我并不只是走了个过场。

地铁停运了。A/C 线的铁轨上起火了，我必须下车，从离我公寓还有 100 个街区的地铁上下车。可能是脑子进水太多或者其他原因，我正在走着回去。我走路的时候喜欢想事情，但这可不是一件好事儿，因为没有现金，我不能停在哪个地方喝一杯，以帮助我停止思考。

外面很冷。是那种让你膝盖受伤、嘴变得僵硬、很难开口说话的冷。我的眼睛在流泪，但我不是在哭。我一根接一根地抽烟，因为没有戴手套，所以必须不停地换手。

尽管天气冷得要把人冻成冰棍儿，街上还是有人出门。从我下地铁，就见过她们。在街道的另一边，一个妈妈在推着婴儿车，我们就像一起在街区散步。她长得很像我。好吧，她长得像我妈妈，估计我也长得像我妈妈。我们都是金发，我猜那个女人的眼睛像我们的一样蓝，尽管我看不到那么远。她很娇小，就像我妈妈一样。我比她们都高得多，所以我一直认为我爸爸一定长得很高。我在这个城市痛苦地向南走着，一直在想着自己的家庭。

我和妈妈一起生活，长大。我爸爸可能在某个地方，但我不知道在哪里。我从来没有见过他，但也没有什么影响，因为妈妈把自己照顾得很好。有时，她会赞扬他——你的父亲是一个非常棒的人。有时她又把他骂得一文不值——他只是个配不上我的爱尔兰佬。不知道婴儿车里的那个孩子是否认识她爸爸。

我叫萨曼塔。因为我妈妈的名字叫萨曼塔。我想这就是我以萨姆称呼自己的原因。我们的姓氏是詹姆斯。我有两个名字。我总是告诉人们，永远不要相信有两个名字的人。

我现在能看到我的公寓了。唯一没有亮灯的一家。公寓位于街区中间，是一座古老的石灰岩建筑。我已经在纽约住了几年了。我来这里读研后，住在小小的一间公寓里，奔波在布鲁克林和曼哈顿不同的工作室之间。但我现在的公寓有三个壁橱和一个之前从未有过的浴缸。我还有一张书桌和一张咖啡桌，如果我再买些食物放进冰箱，这个公寓简直就是一个成熟的完美的住所了。

我的沙发是棕色的。我有不同季节不同色调的抱枕套。现在是深蓝色的。我还有一块地毯，被晒掉色了，因为窗户朝南，所以夏天时，太阳一晒一整天，我曾经很喜欢它的颜色，但是现在，它看起来就像小姑娘的地毯。

我的厨房很干净，水槽上方有一扇窗户，所以我可以在洗酒杯的时候看外边的人在做什么。冰箱的散热器噪声很大，对我来说是个安慰，不然这里一点声音也没有。我从来不开电视，因为这会让我感觉自己很幼稚。

大门的锁最难对付，似乎总是一刮风的时候就被卡住，那个声音让我的耳朵很难受。大厅中深绿色的瓷砖地板，看着永远是积满尘土的样子，我总怕自己会滑倒，把头骨摔裂。楼梯是旋转式的，很宽阔，建于一个被遗忘的纽约时代。每当我爬上楼梯回到公寓时，外面的一切都与我剥离开来。

我打开一瓶昨晚在街对面买的酒。我总是尽力地让自己的饮酒方式变得精致和成熟。我每天晚上都喝，但没关系，我喝昂贵的酒，我用昂贵的酒杯喝，而且我总是记得在睡觉前把昂贵的酒杯洗干净。我也经常清理烟灰缸，我甚至觉得烟头的气味让人很不爽。我戒过几次烟，但后来放弃了，因为还会有其他的事情让我去尝试。绝望会让你抓住有趣的事情。

10月21日　上午8：55

会议室里，我啜饮着辛辣的烘焙咖啡，等着老板蕾切尔来开会，临床心理医生会议。我看着自己的指甲脏兮兮的，指甲油大多脱落。抬头发现我的同事加里正盯着我看。当我们的目光相遇时，他立刻转头看向别处，但随后他又迅速把头转向我。

“有事吗？”我睁大眼睛，问他。

他用左手向后揉太阳穴的一侧，向我的方向努了努下巴。

“怎么了？”

他重复了一遍动作。

我放下笔和咖啡杯，擦了一下脸。左手小指上沾了一小块掉了妆的东西。一小块脆弱的结痂。

蕾切尔开始开会。

“早上好，各位。很高兴看到大家摩拳擦掌地准备做事的样子。”

一阵低沉的不屑的挖苦的笑。

“我知道开始治疗新病人都有一点儿压力，但是正如你们所知道的，有一些因季节性和周期性的低潮引起的心理疾病，冬天快到了，尽管现在才10月——”她在窗户上挥了挥拳头，“随着天越来越短，有越来越多的抑郁症、季节性情绪失调[①]、绝望，等等。算了，不知道的，我就不跟你们说了。但是，你们所知道的，我们又有了一个新的病人，从今天开始，他就正式进入我们病院。”

同事们开始紧张，有环顾四周的，有整理衬衣的，有低头看着笔记本的，都试图在这个噪声中消失。

“我在走廊里听到了很多传言。我理解，有猜测是很自然的，但是当谣言以这种方式传播的时候，保持无条件的积极的态度、不偏不倚的心态和开放的心态是非常重要的。你们都知道我在说什么。”她盯着我们，好像我们应该更懂一样。

“嗯，你能多给我们讲一点儿这家伙的事，让我们深入了解一下他吗？”加里说道。

“坦白说，我了解的不比你多，所以我们是一样的。但我劝你，把你先入为主的观点放在一边，保留你对他的看法，并把重点放在我们仅有的一点儿信息上。他来这里接受治疗，寻求帮助，而你的工作就是提供治疗，并且不会让这个人变成怪物。”

“我都是积极看待和公正对待的，但是确保员工的安全不也很重要吗？”加里再次说道，“我的意思是，我听说他的档案是不完整的，因为他攻击了他的上一个咨询师。我听说他拒绝回答干预问题，也不讨论他的病史，如果你打听，他就会大发雷霆。我的意思是，他是囚犯，

① 也叫“冬季忧郁症”。是以与特定季节（特别是冬季）有关的抑郁为特征的一种心境障碍。是以每年同一时间反复出现抑郁发作为特征的一组疾患。这种抑郁症与白天的长短或环境光亮程度有关。

我不确定我是否适合治疗一个以攻击他的咨询师而闻名的病人。”

“我们不做赶走问题病人的事情。”蕾切尔低下头，翻看文件，“也没有任何证据表明他过去对工作人员施暴。”

“那是因为里面什么都没有！文件几乎是空的。档案里只说他是一个高大的家伙，戴着帽子，不说话。据说他一生都在监狱里。但是，不知何故，并没有说是什么指控。这太疯狂了！一个没有病史的囚犯病人，也没有心理上的疾病，没有诊断，他的档案里没有任何东西，只是轻而易举地来到这里，而我们却要做从无到有！”加里很恼火。他曾经在金融界工作，在一家做企业裁员的公司，加里的工作就是为那些失业的人提供服务。他总是觉得自己像个信差一样，再也忍受不了了，所以他冒险进入了他认为每天都会更加轻松，不那么戏剧化，更可持续的事情。他从煎锅走到火里，还环顾四周，困惑不解，想知道他是怎么来到这里的。

“那么，你认为我们到底应该做什么，加里？”这是大卫，他通常在会议争吵时置身事外。

“送他到别处去！”

“荒谬。我们就是‘别处’。这是最后一站。你愿意他在街上吗？没有治疗？没有机会？”我说，擦着会议桌上的咖啡渍。

“我的意思是，我只是不想接手他的案子。我没有多余的时间。只是去做完成他的档案的工作，并且还是所有的一切都需要从他那儿获得，去问一个可能会捅我，甚至不说话的人？拉倒吧！我很抱歉。不对，谢谢。”加里双臂交叉抱在胸前，怒气冲冲地向后仰。

“那你为什么在这里工作？”说完，雪莉立刻后悔了，她蜷缩在她的座位上，希望这个评论不会让她有可能成为新人的咨询师。

蕾切尔插了进来，控制了讨论："对于病人的利害关系的讨论，对我们来说是很有必要的，也可以把一切公开化。但会议是用来讨论的，不是用来攻击对方的。我希望你们都能和我、和其他人谈谈你们所听到的，以及是什么让你们对我们的新病人理查德如此紧张。但我警告你们——谣言通常是没有根据的，我们要谨慎地定义他。"

加里瘫坐在椅子上，不再参与讨论。朱莉是一个活泼的公主，她担心自己的安全，担心自己身体太弱，无法有效地对付威胁她的人。其他女职员表示同意。几个星期以来，朱莉已经慢慢地摆脱了把其他人带到她的案子里。

"他为什么会进监狱？"雪莉问道。

"我真的不知道。"蕾切尔说，"我跟你们一样，我没有这些信息。"

"这不是很奇怪吗？我们不应该知道吗？"朱莉说道。

"有什么区别吗？"我说，"不管他因为敲诈勒索或武装抢劫而坐牢，或者其他什么，也一样没什么区别。也可能是吸毒。也有可能是三件小事儿，如果有'三振出局'的法律，他也可能永远被关在监狱里。但不是性侵犯，因为没有记录——我查了。无论他因为什么进监狱都不重要。重要的是他进了监狱。他的态度显然被改变了，他可能在那里遭遇了一些很不好的事情。"当我说这些的时候，我突然发现，不知道他为什么会在监狱里待那么久，这一点让我很不舒服。

"我听说他根本不说话，而且他很有攻击性。他不遵守礼仪，不与其他病人相处，不做档案。"雪莉说道。

"嗯，他不做档案这点已经很明确了。除此之外，我要请大家把这一切归因于猜测，因为当人们没有足够的信息时，倾向于用戏剧性的方式来填补空白。但事实是，他已经在这里，他将和我们一起治疗。”蕾切尔不再看任何人，她准备扔炸弹了。她在拖延。每个人都开始不舒服地扭动。

“萨姆——”她抬起头，坚定地朝着我的方向微笑着，“和加里。”他瘫倒在椅子上，被打败了。“我把理查德和你放在一起，加里，萨姆是你的后援。你可以从这个病人身上学到很多东西，我认为你会迎接挑战。萨姆，你治疗病人的成功率最高，你是高级临床心理医生。我倾向于先给理查德配一个男咨询师，看看情况如何。如果你们需要，我们会在这里为你们提供额外的支持，但我相信你们能处理得了。”

雪莉和朱莉给了彼此一个夸张的放松表情，每个人都松了一口气。大卫安抚地拍了拍我的肩膀。加里怒气冲冲地走向蕾切尔，当她递给他一份理查德的接收材料的副本时，他把头扭到另一侧。他什么也没说，反而用大大的眼睛看着我，一条腿不耐烦地斜伸着。

“没问题，蕾切尔。我着手开始。”我拿起文件和咖啡，当我们都走进走廊时，蕾切尔递给我理查德的档案副本。

加里向我保证，他接手理查德的案子完全没有问题，也不需要我的督导。还真是个白痴。

“嗯，很好啊。不过还是希望你来我的办公室，我们可以讨论一个行动计划。不是不相信你能做到，只是因为如果我是你的后援，我想有所了解。”

“我现在真的没有时间，我今天就想跟他来个第一次面谈。”他站在会议室的门边，伸出一个手指，指向他的办公室。

“来吧。就10分钟。”他发出了一声巨大的、沮丧的呻吟，跟着我沿着走廊到我的办公室。“坐吧。”我指着病人椅说。他夸张地倒下，他的“佳得乐”溅到了面前的地毯上。

“我要找他，把他带到我的办公室，今天上午就谈。我要以男人间的对话跟他谈，把他当成一个不可怕的人，没有什么大不了的。我敢肯定，所有这些关于他的可怕的传言都是胡扯，只是因为他进过监狱，因犯很吓人。但那不是我，我不害怕。”他把他的“佳得乐”彻底地踢洒到我的地毯上。

“这是你的计划？你要跟他像男人与男人之间一样地对话？”我甚至懒得把这写下来。

“是的。这不是多复杂的事儿。萨姆。他是个病人，我是咨询师，所以他得回答我的问题。我不明白为什么每个人都想得那么麻烦。”

我摇摇我那脆弱的头，试图清除掉加里的愚蠢：“你能给我一些更具体的东西吗？你打算如何接触他，显然到现在还没人能做到吧？”

“就像我说的，像男人一样对话。”他一字一顿地说着“像男人”这三个字。

“意思是？”我把笔放在笔记本上，转移目光。我真是害怕看到他愚蠢的反应。

“你不会明白的，因为你不是男人。”他站起来，拍拍我的肩膀，俯身补充道，“等我从他那里得到一些答案后，再和你开个会，好吗？”他走到门外。

10月23日　夜里11：37

我一直在躲着垃圾日，一个星期了，垃圾回收箱已经冒了。厨房的水槽下面也几乎放满了。因为喝的酒比做的饭多，所以我在前门和冰箱之间放了一个大的垃圾回收箱。它看起来更像一个盖着盖儿的大筐。

蓝色的透明袋被瓶子的重量拉下去了，我需要拉着红绳[①]将它拽上来，才能把它从垃圾箱里拿出来。它发出的咔嗒声绝对是令人难以忍受的。底部有一处漏了，“纯果乐”的酸性气味与周末的红酒的恶臭味混合，让我窒息。所以我总是把这件琐事放到最后一刻才做，是有原因的。

沿着铺满地毯的走廊拖着袋子时，瓶子产生的噪声，不会像我把它拿起来扛到肩膀上——圣诞老人的造型——那样糟。但是当我沿着旧大理石台阶走向地下室时，我就不得不扛起来。

推开垃圾房的门，打开灯，有虫子在乱飞。它们已经进到室内过冬，

① 有的环保垃圾袋里有红绳，为能够回收再利用。

对它们来说，这个房间就是一个真正的自助餐厅，能让它们大饱口福。我把一大袋酒瓶倒入一个空垃圾箱中，听起来好像有几个瓶子碎了。我感觉到漏出的液体渗入睡衣后背，拿起挂在门钩上的抹布擦了擦。

回到公寓，清理干净地板上的污迹。把遗忘的两个啤酒瓶放进一个新的蓝色回收袋里，并排放好。我的书架上有两瓶威士忌，都没有喝完。每瓶剩下四分之一左右，所以如果有客人来，那它看起来就很高雅，又精致。通常我的冰箱里也有一两瓶红酒。不是储存的，而是因为我总是成批购买，买太多了。

10月26日 下午3：35

加里在我办公室门前徘徊，我刚从一个女性团体治疗回来。

“嘿，加里。有什么事吗？”我能看到他眼中的绝望，我知道他来这儿想和我讨论的是什么。

“我需要和你谈谈。一分钟可以吗？”

“当然可以，进来吧。”

加里表情低沉地坐到病人椅上，汗湿的手指插进他的头发一顿乱抓：“简直让我崩溃。从上周五开始，我每天都会与他面谈，我真是无法理解这个人。”

“你是说理查德·麦克休？”我知道他说的到底是谁。

“是啊。我星期五带他过来，试着完成他的档案，开始进行测试和评估，我觉得我没做错吧？”他靠在我的桌子上，肉爪子在我脸前飞舞，“他没有说一句话，一个字。只是坐在那里。他是不是聋？因为他什么都没说。他没有生气，也没有怎么样，就只是坐在那里。我一直问他同样的问题，他要么看着我，要么看着我的窗户。我想他可能还没有准备好。我就告诉他关于我的事，试图与这个人产生联系，并且说彼此可以像男人与男人之间一样交流，但是依然没用。”加里是真的很惊讶，他自负的男子气概计划居然没有奏效。一半的我想笑他的表情，另一半的我想作为一个咨询师专业地帮助他取得进展。

“好吧，原来的计划行不通。你说你每天都和他见面，后来你改变方法没？”

“嗯嗯。不是，我的意思是，我做了我认为该做的一切。首先，我只是在试着‘像男人一样跟他对话’，但没什么用。星期一，我又请他到我的办公室，他没有打架，也没有对我做其他什么事情。所以，我想这次我就当做生意，让他回答和评估问题。但他没有回答任何一个问题！他开始阅读报纸。他带着一堆巨大的报纸，当我问他问题时，他甚至不看我一眼。”

“好吧，我想昨天和今天都是一样的？”我已经听腻了。

“是的，完全沉默。他甚至连招呼都不打。”加里向后靠进椅子里，很满意地认为现在这已经是我的问题了。

“加里，你已经做了四次尝试，和一个显然不太喜欢说话的人谈话。所以，你不应该感到惊讶或失望，传统的方法不起作用。”

“我不认为这是我方法的问题，我认为是因为我个人的原因。他只是不喜欢我。”加里这样说是为了激起我的自我价值感，这样我就能主动提出接管他，而不用他开口。

“你想怎么继续？”我怎么可能轻易让他得逞。

“我认为你应该接管他。我没有这样的时间浪费在一个不说话，不想接受治疗的人身上。”他交叉双臂，快速摇头，像痉挛一样，让他看起来像一个受惊的林地生物。

“我不能接管。你应该跟蕾切尔谈谈。”

“拜托了，萨姆，你就不能为了我接下吗？”

“我已经为你接了肖恩。”我叹息，“但是，如果蕾切尔同意了，我会接手。在这之前，他是你的。”我装模作样地合上笔记本，打开门，让加里去找蕾切尔处理这件事。

10月28日　上午9：12

大多数上午9点，我们都有一个员工会议，讨论各自的病人，以及说一些管理上需要考虑到的废话。除了我和老板蕾切尔，每个人都会在会议上故意拖延时间。

蕾切尔就像一个线卫[①]。她是一个强大的存在，毛茸茸的棕色鬈发被一个天鹅绒发圈束着，蓬勃的声音和锋利的智慧能吓跑所有人。她天生就适合当管理者，私人生活的匮乏使得她在工作上脱颖而出。她总是穿毛衣和卡其裤，臀部包得太紧，裤兜就像小耳朵一样突出。

蕾切尔喜欢我，因为她需要相信我是真的精力充沛，积极向上。每当我有任务时，我就是超级英雄。我是一名疑难解答者，一名问题解决者，以及到终点的任务完成者。我的同事讨厌我。但是，一旦我解决了他们的团体治疗问题，或者将他们的病人带到我的办公室，或者完成他们的病例审查 / 进展报告 / 治疗计划，他们就喜欢我了。我把自嘲作为防御机制。我总是问人们周末都做了什么，因为人都是自

① 美式足球一个主要的防守位置，是防守队的指挥官，也是防守组里最全能的球员。

恋的，不会问我做了什么。这样我就不必撒谎了。

“弗兰克回到医院了。”雪莉开始她的报告，“显然，他站在街道中央想指挥交通。那是百老汇的一个十字路口，他没死真是太神奇了。据说，当警察试图阻止并逮捕他时，他开始逃跑，在来往的车辆中穿梭跳动。场面一团糟。最终他们抓住了他，我不确定是不是他们抓住的，反正最后他们把他带到了哥伦比亚大学医学中心的精神科。他现在被当作自杀者看护起来，医生一直给我打电话，说他不合作。我不知道我应该怎么做。”雪莉既懒散又心灰意冷，几年前就没有了同情心。

“你去趟哥伦比亚大学，雪莉，”蕾切尔说道。烦躁，沮丧，可能是更年期综合征。“你和医生聊聊。确保他们知道你是他继续治疗的关键人物。一旦弗兰克被清理出去，他最后还是会回到这里接受治疗，你需要让他知道他没有被遗弃在那里。”

“记住！你们所有人。”她看着我们，就像看着偷吃了饼干的坏孩子，“我们是这里许多病人的唯一资源。我们是他们的父母，他们的照顾者和知己……”

我可没有报名参加任何人的母亲或父亲的工作，我很不喜欢她这一点，因为她唠唠叨叨地说过很多次了。我喝着咖啡，凝视着会议室里唯一的一扇窗户。街对面正在施工，我可以听到一点点，但我主要是看穿着牛仔裤和反光背心的男人，在这座建筑物上上下滑动，他们在脚手架的木板和横杆上工作，我想知道如果有人跳下去会发生什么。

“其他的事情，”蕾切尔继续说，“今天我也要宣布一个案子的变更。加里一直在努力接触我们最新的病人，理查德·麦克休，遗憾的是他没有得到任何信息。我昨天和理查德面谈，讨论他的咨询师变更问题，他问了萨姆的名字。所以——你是他的新咨询师。祝你好运。”蕾切尔昨天在我下班前告诉我这事了，现在只不过是在其他员工面前表演。

蕾切尔拉我到一边，感谢我能继续参与。我很高兴成为她的黄金女将，只要她对我有信心，就能帮助我对自己有信心。她再次提醒我，理查德特别强调说他想跟着我治疗，萨曼塔·詹姆斯。

朱莉在会议室门外等着我。“我就知道加里无法处理那个人，他很幸运拥有你作为他的后援。我不相信蕾切尔会把他分配给一个无能的人。”朱莉总是在告诉别人她并不是无能的。她像我们已经是 20 年的好朋友一样挤在我身边，挽着我的胳膊，在我的头发边耳语着。

“我只是觉得，当每个人都还在宿醉，甚至无法阅读时，在黎明的曙光中开这些会很愚蠢。”我试图摆脱她。

“你宿醉了？”

“只是一个比喻，不是字面上的意思。”撒谎。撒谎。撒谎。我最好现在就去厕所，朱莉不会给我安慰。

“哦，我知道——我只是想也许你昨晚又出去玩了。我们什么时候一起？你今晚有事吗？”

朱莉喜欢我，想做我的朋友，但我觉得我不可能喜欢她。尽管我很欣赏她像个高中都没法毕业的白痴，我仍然无法忍受她的脱衣舞朋友和乡村俱乐部生活，倾听她的愚蠢冥想和棉花糖问题。大卫走过我们身旁，给了我一个会心的微笑。

“我从来不这么早就制订计划。但是定下来了一定告诉你，我们一定要一起去喝一杯。”快到我的办公室时，我面带微笑，从她的手中解脱出来。我端着咖啡和案子的文件，装作掏钥匙，尽管我看到我的门是开着的。

没有什么不对劲。我一定已经开过门了。也许我还醉着。我的iPod仍然在桌子上，一堆书上面露出了耳机。如果有人进入我的办公室，它不会在那里。我的运动鞋还在我每天早上脱下它们的角落里。几个月前，雪莉在她团体治疗期间，开着办公室大门，她所有电子设备中的电池都被偷了。

10月28日　上午11：00

我和理查德的初次面谈已经开始了，过去的一小时里，我一直在整理我的办公桌、头发、脸和办公室。我害怕他，自从15年前我开始接触第一个案子，就没有这种感觉了。那时我刚刚22岁，都没有这样害怕过，我曾坐在疯子和精神病患者的对面，也曾坐在外交官和政要的对面，我在那个年龄段都没有这样害怕过。

我的办公室是按标准配置的，办公椅比病人椅更靠近门。这样做只是为了以防万一病人暴力，治疗师需要逃脱，但我们通常的说法是，为了临床医生能够在病人需要时，更快地寻求急救。我的办公室里从来没有病人使用暴力。那些事件通常发生在公共区域。我不会让剪刀之类的物件出现在病人椅周围。有时候我会坐在桌子上，凝视窗外，假装我有不同的生活。

敲门声震耳欲聋，以至于我已经疲惫不堪的神经被炸碎了，碎在喉咙里，噎得难以言语。可是无论我多么害怕，我都必须表现得冷静。

“嗨，理查德。进来吧，坐。”我一直站着，给他开门。我等他坐下，然后关上了门，开始感到头晕。他坐在病人椅上，把一大摞报纸放在了办公桌的一角。“我将成为你的咨询师。我想先做个初步的谈话，这样我们可以先互相了解一下，也许对处理一些我们需要做的临床文档有帮助。”我边坐下来边说。

理查德没有任何回应。取而代之的，他从报纸堆中拿起最上边的报纸，打开，找到他要看的部分。他摘下帽子。一个棕色报童帽。他轻轻地将它放在报纸上。当他转过头时，我看到他的衣领下有两个小圆圈的疤痕。

我翻着他的空白文件沙沙作响，然后重新开始：“要不从家族史开始？你可以告诉我关于你的家庭，不需要深入谈论你个人。”

他转身背对我，把报纸放在他的大腿上，专注地看着街对面那些爬上脚手架的人。

“好吧，不谈家族史。谈谈治疗目标如何？你愿意谈谈你在泰弗洛斯想要达到的目标吗？”

他抬起眉毛，放松呼吸，调整座位，以便更好地观看施工人员。

“好吧，又是一个很明显的拒绝。那么告诉我一些关于你自己的事情，非正式的，我会从中收集我需要的信息。怎么样？”

理查德谴责般地瞪大眼睛：“你想让我坐在这儿，告诉你关于我的一切？就像面试一样？”

“如果你这样想，也可以。求职面试感觉应该会很棒。”

“不。”生硬，决绝。

并不比加里更有进展，看来我得比我预想的更努力了。想到这一点，我就觉得筋疲力尽了。

我叹了口气，一声巨大的、沮丧的叹息，我故意往理查德的方向叹气。我希望他闻到酒精、呕吐和咖啡的气味，让他知道他的抵抗是多么让我恼火。

10月28日　晚上10：01

我在地铁上，看着面前的人争论。外边很冷，车厢很拥挤，其他人的身体热量让我汗流满面。车厢的晃动和颠簸让我陷入恍惚中，而我所能听到的，就是我面前的女人告诉她的男朋友，她已经受够了。

我现在正在和某人面谈。我不知道我为什么用我们使用的术语——“面谈”某人。通常，我说“面谈某人”是指心理咨询，但也是我描述我的恋情的方式，因为我不想说“约会”。

我们在一起一段时间了。他叫卢卡斯。理论上，他是你想要嫁的那种男人。他在金融领域工作，他称之为“金一融”，让我想揍他一拳。他知道赤霞珠和梅鹿辄的区别，总想让我尝尝单宁的口感。他有一只叫小牛[①]的查理士王小猎犬，也是他疯狂地跟我不支持同一个球队的证明。他在康奈尔读的大学，每天积极地把头发分开[②]。早晨，他用细齿梳子沿着他的头部左侧划出一条直线，两侧梳顺，然后在直线后面盖

---

① 原文为 Maverick，与达拉斯小牛队 Dallas Mavericks 的名字相同。

② 康奈尔大学的创始人、首任校长怀特，喜欢梳着整齐的偏分头。

上一些散乱的鬈发。我是挑剔，但他是疯狂。鞋子必须有鞋撑。下班回到家，最重要的一件事是脱掉鞋子，立即把鞋撑放进鞋里，因为鞋子里留下的体温容易使鞋子变形。他对鞋子的关注比我一个女人还多。他有一头金棕色的头发，身材高大，西装革履，口袋巾折叠得整整齐齐。他比我好看。

他跟我说要结婚。太荒谬了。我不是他能结婚的那个人。我和他在一起这么长时间，唯一的原因是我要拯救他。这是我人生中一个众所周知的模式，只是最近我才意识到这一点，并明白这就是我所做的。

他拥有女孩追寻的一切：稳定、金钱、美貌、学历。但在这一切背后，隐藏的是一个受损严重、非常没有安全感的小男人，这就是我在约会的人。

我不想要这张完美的图画。我不想要这个精致梳发的、撑鞋的、精英的、乡村俱乐部的绅士。我想要那个内在破碎还拼命假装的小孩。我想找到那个小东西，我想揉他的肚子，给他一个好好的家，然后，当他更好时，我就离开。这是一个项目。这是确保我不受伤的方式，并且有人珍视我。

我没有办法从内部获得价值，所以我从没有得到过价值。只要我看到储备开始枯竭，我就会走出他的生活，寻找并跳入下一口有价值的井。事实是，这个计划并不奏效——还没有奏效，但我还没有准备好放弃。

10月31日　上午10：25

理查德今天上午在我的团体治疗里，我突然觉得我的表演比促进治疗过程还要多。他坐在一个新来的人旁边，那人名叫德文。德文跟我年纪一样，打扮得却是令人惊讶的时尚。今天，他穿了件名牌牛仔裤，黑色的皮鞋看起来像卡通牛仔靴，灰色运动T恤，和一件帅气的像痞子似的皮革摩托车夹克。不是百货公司900美元买的那种，是真正骑摩托车的人穿的那种。他的脏辫扎成一个粗马尾辫。如果我在其他地方见到他，我可能会说他很性感。除了鞋子。

德文患有精神分裂症，错乱型[①]。并不常见，大多数精神分裂症患者被诊断为偏执型。

他坐在椅子边上，双臂交叠环抱着，双腿缠绕在一起，不停地绞扭着双手。在今天的团体治疗中，他几次看起来就像是要翻倒的样子。

---

① 精神分裂症有多种不同类型，其中主要为：错乱型精神分裂症(disorganized schizophrenia)、僵直型精神分裂症(catatonic schizophrenia)、偏执型精神分裂症(paranoid schizophrenia)、残留型精神分裂症(residual schizophrenia)和未分类型精神分裂症(undifferentiated schizophrenia)。

德文有间接性抽搐[1]，我害怕会影响其他病人——尤其是理查德。我用一只眼睛看着他，另一只眼睛盯着其他人。理查德没什么反应，似乎早有准备，他和其他病人之间隔了几把椅子，但是他正从报纸上抬起眼睛，透过镜片看德文。其他病人开始警惕德文的行为，有些话说得令人讨厌，说他们不想坐在这个怪胎周围，我应该把他赶出小组。

“没有人会被踢出去，巴里。放轻松。”我向后靠在桌子上。

“不是，这个家伙很奇怪，我不希望他的任何奇怪的东西对我不利，医生。他影响了团体！他不应该在这里！”巴里喜欢成为维护和平的人，而不是真的维护和平。他常常以正义和改善团体的名义引起骚动。我觉得巴里大吵大闹是为了吸引别人的注意力。

“巴里，既然你选择了自己成为这个团体的发言人，那么我们接着你的意思来谈谈羞辱吧。”每当我这么做的时候，大家都讨厌我。

“萨姆小姐，我们可以不谈吗？我厌倦了谈论‘圣伤’。[2]”

“羞辱。”

“不管你叫它什么。我烦了。”

“没关系。首先，什么是羞辱？是什么意思？”

“羞辱就像偏见，对吧？就像你对一个人很混蛋，只是因为他们的样子，或者是对黑人那样，对吗？”这是露西。17岁。她穿着性感的衣服，化着浓妆。她有躁郁症。有时候，她就如现在这般机智，我都想把她送到哈佛，但有时候，她连自己的名字都说不明白。

① 表现为典型的失神发作、失神伴肌阵挛、失神伴自动症等。

② stigma 和 stigmata 发音相近，stigmata 是圣伤的意思。

“没错，露西。说得对。羞辱和偏见很相似。这是一个负面的概念，存在于团体的每个人身上，独立于团体关系之上。有人有过这种经历吗？”有时候，我都觉得自己更像一名老师。当我进入一个很好的讨论氛围时，我就会习惯性地坐在桌子上踢着腿。心理医生不应该坐在桌子上，这是另一个确保我们在“我们”和“他们”之间保持适当分离的规则。我在这里的时间越长，越少在意这种分离。

每个人都举手示意他们在过去受到了羞辱，甚至理查德也举手了。德文是唯一一个不回应的人。

“德文，其他人都举手了，在你身上从来没有发生过这种事吗？”我试图让他参与进来，而不是疏远他，但我担心我给他留下错误的印象。他看着我，似乎在说些什么。

“对不起，德文，我在这里听不到你说什么。你能再说一遍吗？”他再次回应，这次他的下巴从脖子上挪开了，似乎想要表达什么。

“对不起，还是听不见。”

“他说，他远离人。”斯蒂芬说道。

“谢谢你，斯蒂芬。那么，德文，你远离人们，是为了避免受到羞辱吗？”

他点头。

“羞辱会伤害人，是吗？”

他点头。

其他人也都在点头。

“你们认为其他人对精神疾病患者有什么样的看法？你们经历过什么样的羞辱？”

“人们都说我们疯了。”斯蒂芬说道。

我开始在黑板上写下这些词。

“懒惰。没有受过教育。愚蠢。”巴里说道。

“人们说我们是负担。我们对国家没有任何帮助。”又是露西。

“危险。”我很惊讶这是谁说的。阿黛尔快100岁了。她和所有这个年龄的人一般虚弱，我无法想象她经历过“精神疾病是危险”的这种羞辱。然后我想起来了，在停药的时候，她曾经用一把剪刀扎进了一个男人的胸口。

“肮脏。恶心。人们不愿靠近我们。甚至我们自己都不想站在彼此附近。”达里尔有脑损伤后遗症，因为自杀，头部受枪伤引起的。他仍然在与严重的抑郁症斗争，但他发誓他永远不会再试图自杀。事件发生后，他的妻子离开了他，因为她无法忍受看着毁容后的他。

“我会说：他们说我们是怪胎。”巴里在作补充，他看着德文，“兄弟，对不起，别人叫你怪胎时，你不需要自己这么叫自己。”

德文点头。

“巴里，这么做就对了。大家还有什么经历？因为精神疾病而经历的其他羞辱？”我看见理查德看着巴里，看起来很赞同他的道歉。

“人们认为精神疾病是传染的。比如他们和你发生性行为，他们就会得躁狂抑郁症一样。”露西说道。

“有没有人知道这是真的还是假的？”我试着不让他们感觉像在学校里一样，去引导他们思考。我看向理查德，很明显他的心思不在这里。

“不对，你可以得艾滋病或什么的，但不会得疯病。”巴里说道。

当我在黑板上写下所有的词时，我感到内疚，因为我知道了每一个词背后的想法，以及悲伤和防御。

团体治疗结束后，我等着大家都走了。我在房间里走来走去，把椅子摆回到半圆形的位置，捡起他们留下的垃圾。当我走过德文挤进角落的那把椅子时，我发现散落在座位上的小碎片，像油漆片或五彩纸屑。我把它们掸到地板上，继续走。

我擦掉黑板上的字，把所有的词都记下来，想知道我感到羞辱的频率。想知道哪些词会让人们联想到我。想知道，我是否符合形象。这已经不是我第一次这么想了。

11月1日 上午11:11

我给了理查德一个每周一对一的面谈日程表，以及一周几次的团体治疗时间表。病人们通常对组织化的东西反应良好，我想让他忙起来， 我好琢磨他。今天早上是我们定期安排的周二上午 11 点的面谈，他正在反复挪动，试图找个舒服的姿势坐在病人椅上。他相对我的办公室来说体积太大了。看起来像一堆小娃娃屋里冒出一个巨大的娃娃。他一只胳膊抱着一摞报纸，同时在椅子上来回挪动。终于找好一个舒适的位置后，他把报纸放在我办公桌的一角，笨拙地弯了弯他的手肘。他的左胳膊弯曲成一个奇怪的角度，手腕僵硬，看起来像个假肢。

“既然我们都安顿好了，我想继续尝试完成你的档案。你能给我几分钟的时间，让我们来完成这个吗？”我的声音充满希望、积极，甚至是充满活力的。

“这是什么？另一个测试？”他没有摘下帽子，让我很生气，我觉得没有礼貌。我意识到克制恐惧最好的方法可能是用愤怒来取代，所以我一时沉溺于生气，因为他的不礼貌。仍然是斜纹花呢的报童帽，就像 20 世纪 90 年代流行的 R&B 组合。

“我不会不再做档案了。”他的声音平静，阳刚。不是在和我争论，只是在陈述一个事实。

“再也不会……”我心不在焉地纠正他，翻看文件，避免和他目光接触。

“你看，我在这里是因为我选择在这里，而且我知道我不需要填写表格，并且我有保护隐私的权利，我不必回答你的任何问题，而且，如果你想把我踢出去，也行。我知道我的权利。我听说你是这里最好的心理咨询师，你不会给我带来麻烦，像上一个废物一样的麻烦。”他说这话时，离我更远了。他双手摩挲着，就好像他正在用拇指擦掉一些东西一样。他很烦躁，很紧张。

“你不必做任何你不想做的事情，但是如果你一直避开我，事情就会变得更难。你是要在这里待上一段时间的人。我是在这里为你提供帮助的人，并尽可能让你在这里待得不痛苦。你需要，我就会来。如果你与这里的其他人有矛盾，而且你需要干预，我也在。但是，除非你接受我，否则我无法帮助你。”像排练过一样。

似乎用愤怒掩盖恐惧的伎俩奏效了。他什么也没说。我第一次看着他的眼睛，我发现它们是蓝色的。居然是蓝色的。他眯起眼睛。我无法确定这是他的愤怒，还是敏感。他的眼睛是浅蓝色的，比我的浅得多。

他摊开双手，我看到他的指甲保养得很好。引人注目，与其他病人的指甲完全不同。即使是那些花掉最后一分钱去美甲的女人，一个月前还闪亮鲜艳的指甲，也会变得越来越粗糙，并且长出新的后就破坏了美感。

但他仍然保持沉默。我无法分辨是我难倒了他，还是那样跟他说话，让他想把我的脸撕了。我知道没有人对他说过这么多，我现在也无法想象是什么让我做到了。

“让我们从一些轻松的事情开始吧。”我戴上了其实并不需要的眼镜，伸手去拿钢笔，“名字？”

我想让他说出他的姓氏，因为如果我说错了，恐怕他会觉得被冒犯了。麦克休。“h”发音还是不发音。不过我已经让他说话了，我不想破坏我的进展。

“理查德·麦克休。”听起来像是麻Q[①]。不过，这个问题是解决了。

“我应该叫你医生，还是？”

“你可以叫我 Dr. 詹姆斯，但我更喜欢萨姆。”

“你为什么喜欢萨姆？”

“呃，老实说，你不觉得萨姆更容易在走廊里喊吗？你为什么用全名？理查德有很多吸引人的绰号。”我是不是很讨厌？轻率？冷漠？我感到筋疲力尽，无法召唤出我需要成为的一个专业人士，或者再伪装的能量。我感觉自己的大脑出现了沟通不畅，意外地在一个面谈中不自觉地露出了我的真实感受，而没有戴上合适的面具。

“我喜欢理查德。没有人叫我绰号。”

“明白，先生。”

“不是，我没有让你管我叫先生，我说叫**理查德**。”

“好，理查德。”我还没见过这样的反应，谁不喜欢被称为先生？“下一个——出生日期？”

---

① McHugh，苏格兰、爱尔兰人姓氏，发音像麻Q。

“1961 年 7 月 14 日。星期五。”

“啊？”现在我很感兴趣，“你怎么知道是星期五？”

“我母亲告诉我的。她说这是她一生中最糟糕的一天。这也是她一直恨星期五的原因。”真不敢相信我们进展到这个地步。我害怕反应不正确，他又缩回壳里。

“噢噢，我喜欢星期五。”**和善的回应。请不要关上。请对我敞开。**“因为周末近在眼前。理查德，你出生在哪里？”

“皇后区。”

“啊，就在纽约，嗯？兄弟姐妹？”

“没有。”只有两个字的答案。

“家庭历史……”

“没有。”

“这不是一个问题，我们只是要进行下一项你的家庭背——”

“没有。我不回答任何关于家庭的问题。”他又把我打断了。

“好吧，如果你不舒服，我完全理解，但这对你的治疗至关重要，而且——”

“没有。我说没有。我没有说别的。”完了，乌龟又缩回壳里了。

“好吧，那我们现在不做这一项，我们可以再回到另一个——”在我安抚他之前，他又阻止了我。

“完事了吗？我想离开。”还没有说完离开的请求，他已经走出门口的一半了。我面对着书柜，不是办公桌，因为他擦身而过，我的椅子转了半圈。

刚刚发生了什么？我说了什么？我是怎么错失的？

11月2日 晚上10:53

我去见卢卡斯，喝酒。我们不住在一起，但是花了很多时间住在彼此的地方，有时候不洗衣服，我就穿他的。跟卢卡斯在一起就像跟两个人约会，我无法自主地选择哪一个。头皮上的结痂发痒凸起，但我还是去找他了，我仍然能忍受这种待遇。

百分之九十的时间，我们和同一群人去同一个酒吧。有些是朋友，有些只是酒吧的常客变成了朋友。有时大卫下班也会直接来酒吧。但今晚，卢卡斯要带我去个不一样的地方，因为他说他今晚没有精力参加派对。

不一样的地方，结果是十九街的 *Flatiron Lounge*①，这里的酒真的非常有趣，非常贵，而且这里很暗，座椅也不舒适，女招待热情得让我不安，但卢卡斯在烛光下看起来真的很好，所以我尽量不担心，他把我带到这里来可能是要和我分手。

“你今晚真美。”卢卡斯说，他的声音听起来有点儿像，嗯，柴油

① 纽约十九街一家出名的复古风格酒吧。

发动机搅拌在融化的黄油里。

“呃，谢谢，亲爱的。我已经清醒好几个小时了，我确信我现在看起来肯定很不错。”当我紧张时，我很难严肃。即便卢卡斯对我来说是一个项目，但他跟我分手，不是我计划的一部分，现在结束关系也不是计划的一部分，所以我希望是其他事情。但不可避免地，这迫使我提醒自己，我与卢卡斯为什么开始，为什么我要继续忍受。

“今晚我只是没有精力跟大家一起玩。你知道吗，每天晚上去尼克酒吧太让人筋疲力尽了。”他看起来确实如他所说。

“是的，我理解。”我撒谎。在我的内心深处，我很想去尼克酒吧，因为在那里，每个人认识的我，是漂亮、有魅力的，而不知道真实的我其实一团糟。那是我需要的那种人群。当一些人相信这场秀，当一群人觉得这场秀是真的，当一群聪明人将我和卢卡斯的关系视为一种稳定、理性、健康的成年人关系，我也就能相信。我需要相信。我们上演的这场好玩的秀，这场骗局，我们说的鬼话，我需要它。我需要让人们相信我是好的，因为如果他们认为我是，那么或许我也可以认为我是。这就是我还能容忍的原因。

现在，看着这些长腿的欧洲人，我开始感到自己越来越小，越来越丑陋，越来越需要酒精的寄托，但我喝的东西是用蛋清打的泡沫做的，没什么作用。

“不过，我不得不承认，这不是我今晚想来一个安静地方的唯一原因。”他正在用别人描述为性感的眼睛看着我，但在我看来，我只是觉得它们很滑稽。他很帅，但我很紧张，而且我觉得他看起来像个卡通人物。

“哦？还因为什么？”我能感觉到我的胸部在出汗。

“我想再次跟你谈谈关于我们搬到一起住的事情。”他向我靠近，胳膊肘占据了我们之间的整个鸡尾酒桌，我突然觉得这个酒吧是多么小，灯光开始看起来像是在跳动，我感觉头晕，像是一只脚在地上，站不稳的那种头晕，但我的两只脚都在地上，音乐太吵了，有人问我是否想再喝一杯，我想我要醉了。卢卡斯伸手扶住我，看到了我脸上的表情。

“我不是给你压力，”他在撒谎，“我只是想再跟你沟通一次。我知道你不喜欢同居，我知道你想有独立的空间。我家很大，只有我，你会有足够的空间的。”他向后倾，放开了我。

我向酒保打手势，他看着向我们走过来的女招待，从离我们2米多远的地方走过来，弯腰听我点单，我要了4杯银樽龙舌兰。卢卡斯给我一个居高临下的眼神，他喜欢在这样的地方这样看我，因为他在向其他人展示，他可不是每夜狂欢。在这里，他可以保持这一形象，毕竟卢卡斯长得好，有靠脸的资本。

“我希望我们住在一起。萨姆，我们真的可以为此做些什么的。”

“卢卡斯，我很喜欢我们现在这样。我们不需要改变任何东西。”

“为什么你对承诺这么恐惧？”交叉双臂，防御机制打开了。卢卡斯很少遭到拒绝，但我经常对他说不。

“我不害怕承诺，我对我生命中的每一个人都很投入。我对你不是也尽心投入吗？所以为什么我不能保持我的独立性？”我的声音可能比我想象的要大。

“住在我那儿，你也可以有你的独立性。并不矛盾。”他知道他再说什么也无济于事了。一直如此。

酒到了，在我们干杯之前我就干掉了两杯。卢卡斯轻轻地拿起第三杯，当我拿起剩下的一杯，他同样说了那句他经常说的愚蠢的祝酒词：做最好的自己，永远。

当他俯过身来的时候，我没有跟他碰杯，因为我觉得他的祝酒词荒诞又浮夸，我把我的第三杯酒扔了过去。服务员快速地过来，拿来了很多纸巾和让他们骄傲炫耀的自酿啤酒。我很疑惑卢卡斯是否活在一个交替的世界里。

11月3日 上午8：31

理查德坐在我办公室里。今天早上我来时，他正站在我办公室的门外。似乎有什么事情让他很烦。我的脸上竭力表现得很平静，还有早上抽烟留下的难闻的气味，我不确定自己是否准备好应对这场特殊的危机。

“我不会再和她在一个团体了。”他说。

“理查德——”恼怒，疲惫，极度宿醉。“——为什么?!你，不能和朱莉一个团体？”

“她都不知道自己在说什么。她告诉我，如果我吃甜菜，我的屎会变红。什么甜菜?!我不吃甜菜。你们不给我们甜菜，我要在哪里吃?我不需要了解这个女人的屎的颜色。我不去她的团体。不去。给我换一个。”

“这个团体讨论的话题很不错，很适合你。”

他皱眉。

“好好好。你说想要去哪个团体？你能容忍谁？”

“你教的是什么？我的意思是，在那个时间，你带哪个团体？”

“那个不适合你。团体里有很多不同类型的病人，而且他们中的大部分都需要更专业的治疗。”

“那么我可以有自由时间吗？或者我可以去计算机房？”

“我认为我们应该看看你的治疗目标是什么，才能看你的时间如何更好地分配。”

“我的目标？我的目标当然是不需要学习甜菜和屎。”

“排泄物。大便。不要说屎。”打败他的初衷，但谁又能保证，接下来谁会赢？他坐在病人椅上，向后靠着，抱着胳膊，瞪着窗外。

“你不希望看到我在团体治疗时对朱莉吼叫吧？”

“这倒是，但在我看来，你是一个理性的成年人，能够控制自己，尊重别人。如果那个团体对你没有帮助，我就把它从你的日程表上拿下来。”我坐在桌前，打开抽屉，拿出他的档案。“我们需要做的是一起努力，找出你需要从治疗中得到什么。这包括完成你的临床评估——”我把未完成的单子扔给他，“这样我才能尽最大可能为你推荐一个合适的团体，可以帮助你完成目标的团体。”

“又提目标了。”

“对啊，大多数人在这里努力都是为了完成治疗的目标。”

“好吧。”

“可以？”我问。宿醉的头痛让我的眼球发胀，我只想闭上眼睛躺下。“这次我们来谈谈你的目标好吗？”

“我会考虑我想从这里得到什么。”他边说边走开了。我意识到我又一次一无所获，理查德占了上风。现在他不必去给他指定的团体，我也没有进一步完成他的档案，也不知道他在这里做什么。我吞下了两片镇痛药，喝了一大杯咖啡，准备迎接新的一天。

电话在药效生效前响起。是大卫。

“早上好，老兄！”愉快的，清醒的问候声。

“早上好。请不要对我提任何要求。我已死于一场宿醉。”

“哈哈，每个早晨，都是更好的一天。你偷了我的镇痛药吗？”

“嗯。这就是你给我打电话的原因？”我用一只手揉着鼻梁，另一只手在接收器上调低音量。

“不是，我打电话是因为我今天中午没带午饭，想让你跟我一起去河滨路新开的店。”

“你是要让我走过去吗？”

“嗯哼，愚蠢的问题。”

“是啊。非常，非常愚蠢的问题。但是你回来的时候可以给我带个三明治。”我对自己微笑。我不知道如果我不跟大卫在这儿胡扯，我该做什么。

11月6日　下午6：14

我和卢卡斯的狗坐在他的公寓屋顶上。小牛穿着一件羊绒衫，我们正等着卢卡斯带着一瓶他一直在叨叨的红酒回来。卢卡斯想在夏令时下午四点半，这座城市变成黑暗之前看日落。今天是周日，很多人似乎也有同样的想法。修剪整齐的黄杨木树篱将我们从屋顶上的其他座位区分开，时不时地，能看到有人抽烟，烟雾缭绕。

小牛趴在我的膝盖上，趴在一块巨大的橙色毛毯上——角落里有一个大大的H，卢卡斯坚持要我把它带到楼上去。如果我拥有爱马仕的毛毯，我都不会用它，更不用说把它带到脏兮兮的户外了。

卢卡斯转过电梯弯道，手里拿着一个水晶酒瓶——里面装满了勃艮第液体，两只一尘不染的玻璃杯。小牛压根儿没理他，反而在我的腿上蹭了蹭。卢卡斯走过一对抽着烟的夫妇时，用手驱赶着烟雾，仿佛别人毒害了他清新的肺一样。他轻轻地把两只酒杯放在柚木咖啡桌上，握着醒酒瓶慢慢晃动着。

“这就是那天晚上我们吃饭时，我跟你说的那个酒。我一直记着呢，今晚喝很合适。”

“那我有口福了。”我撩起散落在眼前的几根头发，看着他往每只杯子里倒了大约啜饮三口的量。他递给我一杯，然后靠在椅子上，鼻子埋在自己那杯前。他闭上眼睛，深深地吸了一口气，然后让我也这么做。

“你能闻到什么？”他问道，眼睛仍然闭着。

我把酒杯放到鼻子前，像他给我演示的那样晃来晃去。其实我只闻到酒。“皮革，”因为我听他说过关于红酒的知识。我拿出一支烟，放在我的牙齿之间。“和烟草味。”我补充道。

“很好。还有什么？”他已经处于一个完全不同的世界，做作、浮夸、自以为是的红酒世界。那里没有喝酒这件事，只有酒体丰满，完全沉浸式的体验。我点燃我的香烟。他的眼睛在打火石刚刚划亮的一刹那猛地睁开。他把脚从咖啡桌上拉下来，迅速把烟从我嘴里抽出来。过滤嘴粘在我干裂的嘴唇上，嘴上的一块皮被撕了下来。“你不能抽烟！这是 86 年的玛歌！你会毁了这次体验！萨姆！你能不能认真对待！”

他的责骂让我很不高兴，就好像我是一个不听话的任性孩子。他失望和轻蔑的神情，使我进一步陷入一种空虚的感觉。当他不认可我时，他似乎变得那么高大，我那么渺小。他今天表现得很好，我还不能离开。

“对不起，我很抱歉。你是对的。我不是故意要毁了它。我应该闻到什么？”我舔了舔流血的嘴唇，试着听他说话。我向前倾，鼻子凑近杯子，但我所能品尝到的只有我口中金属味的血，一喝酒，嘴就刺痛。小牛似乎感受到了这种紧张的气氛，有点儿焦躁不安。它嗅着我的嘴巴，笨拙地在我的腿上调整位置。我试图抱着它，稳住它的小爪子，酒杯晃了一下，一小滴酒洒在了橙色的毯子上。在我终于抱住小牛时，酒就从我的杯子里溜走了，因为小牛毛茸茸的爪子从毯子上滑下来，想要抬起爪子放进酒杯里。我的耳朵火辣辣的，我只能眼睁睁地看着“86 玛歌”在大大的 H 上落下，我抬头看见卢卡斯看到了这一幕，已经很生气的样子，他低下了头。我还没来得及道歉，用毛衣袖子擦了污渍，他就拿起酒瓶走了。小牛舔着酒。我使劲擦，但没有用。虽然几乎看不到痕迹了，但我知道对卢卡斯来说，我把毯子弄坏了。

我一只手拿着烟和酒杯，一只手牵着小牛。心快跳到嗓子眼儿了。毯子被我叠好，卢卡斯喜欢把它折起来，夹在胳膊下。我把椅子推回到原来的位置，然后让自己走下楼去面对他。他的完美计划，我们喝着他完美的葡萄酒，观看他完美的日落，而他完美的狗将安静地趴在他完美的毯子上，全部被我破坏了。我点了烟、洒了酒。

按下电梯的按钮后，胃部开始抽搐。我走进电梯，在镜子里看到了我脸上的恐惧。小牛坐在我的脚上，在我们下降时看着我。当我们朝卢卡斯的公寓走去时，肾上腺素正在加速分泌。但是当我走到门前时，我平静下来了。我的手提包和里边的东西，散落在铺着地毯的门前。这是让我离开。我弯腰捡起东西，放回包里。我把小牛的狗绳挂在门把手上，然后轻轻地把葡萄酒杯放在地毯上。我担心小牛会尝试去舔酒，把杯子打碎，于是我吞下了剩下的玛歌。味道也并不怎么样嘛。

在我的手提包里，我看到了一张黄色便笺纸，后面的胶粘线上沾了一些绒毛和烟草。拉开拉链，从包里的小口袋里掏出一支笔，写上“对不起，我毁了你的夜晚”，贴在了门上。我依偎着小牛，第一次眼泪落在了它的脸上，我想，这种羞辱比另一种要好。如果他的门开着或邀请我进来，我就需要恢复好几天了。

11月8日 上午11：03

现在是星期二上午11点。理查德即将在我的办公室里坐一个小时。迄今为止，他几乎没有对我说过什么，除了我要求他完成档案，他挤出一个字的答案或愤怒的拒绝来回应外。我仍然害怕他，但比之前好多了。我想向蕾切尔证明我有能力处理好这件事，我会是一个出色的心理学家，能够接触他，并最终给他需要的治疗。她的赞许，她给的A^+评级，我需要维持住这些，才能让我继续运转。

尽管想要扭转局面，但我的思绪却不在这儿。我对周日晚上的事情感到不安，所以我想转移注意力，在理查德的档案上作些努力。我还没有取得比前任咨询师们更大的进展，所以我现在不应该去想另一个问题。

理查德带着他那一堆报纸走进来时，我几乎都没注意到。他摘下帽子，轻轻地放在他的报纸上。有时他戴花呢报童帽，有时是灰色的。他似乎在我身边变得更自在了，现在我们已经有了一些面谈和团体治疗经历。他有时会说早安，有时什么都没有，但今天如果他跟我打招呼的话，我应该是听不到的了。

过了一会儿，他说话了：“你今天不一样。”

“没有，我今天也是这样。还是老萨姆，一切如常。”我甚至都没抬头。

“那你为什么一直看同一页呢？ 20 分钟还没翻过那一页。”

“我正在专注。”

“专注什么？”他不相信。他注意到了。他一定是精神失常了，嗯，我应该能够摆脱偶尔走神的状态。

“如果你不打算处理你的档案或者谈论你的治疗目标，那么请阅读你的报纸，让我平和地工作。”冷静地，温柔地，打败敌人。

“我从没见过你这么平和过。”

你是什么东西，我的心理医生？你永远不会看到我的平和，理查德。别费那个心了。

我们继续无视对方，我静静地坐在那里，想着自己的人生究竟在做什么。理查德在椅子上不安分地挪动着。他伸出左胳膊，好像要把它伸直。他怒气冲冲，他在分散我的注意力。

“怎么了，理查德？”

“那天，你带的团体，那个小孩是怎么回事？”

“我也不知道。怎么了？”

“他在团体时总做这个柔术表演，很让人分心。不管这里多热，总是穿着夹克。无论走到哪儿，都会留下五彩纸屑。他让我很不舒服。在这样的环境下，我应该如何变好？”看起来他的体形让他坐得很不舒服，但我宁愿听他抱怨，也不愿意继续说不出话来。

“好吧，你想让我做什么？”

“我不知道——你是心理医生，而我不是。”理查德轻蔑地对我挥了挥手。

“这似乎更像是一个行政问题，甚至是一件鸡毛蒜皮的小事。我可以要求他在团体时不要扭来扭去。但是，你必须记住，这是一个机构，我们需要容忍别人的弱点和行为。”

“在合理范围内。”

“是，在合理范围内，但一个小小的柔术不会伤害任何人。也许我们需要谈论的是你承受挫折的能力。”

“我的承受能力很好。我只是没兴趣和一个穿着皮夹克、会留下五彩纸屑，并把自己变成椒盐卷饼的男人在一个团体里。”

“知道了。我会跟进，有任何进展，我会告诉你的。可以吗？”

他扬起眉毛，不置可否，把目光投向了报纸。

“他糟透了——说说而已。”最后一击，他完成了。

11月9日　上午10：00

珍妮在病人椅上紧张地揪着衬衫下摆。她有很长一段被虐待的历史，她把任何一个有权力的人，都与恐惧和危险联系在一起。她已经很久没有来泰弗洛斯了，在来这里之前，她还没有从之前的虐待中恢复过来。

“你和室友相处得怎么样？”我通常会尝试从一些小事开始介入，这样病人会在严肃的问题开始前放松下来。

“塔莎万卓雅？她很好。我想我们会成为好室友。她很干净，会把她自己的东西放在她那边，我也尽量把我的东西放在我这边。她在这里很久了，什么都知道，所以她在帮我适应。她还让我用她的乳液。”

“听你这么说，我就放心了。塔莎万卓雅是个很不错的人。我很高兴你觉得住得舒适。自从开始戒毒后你感觉如何？”因为吸食海洛因，珍妮必须在来泰弗洛斯之前去戒毒所，并且已经经过了脱瘾期。

“好多了，但还是很难受。我以前从来没有这样过。海洛因就像把你的生活都带走了，当你不能继续吸食时，它带走的更多。我以为我永远不会变好。很可怕，吸食海洛因。很可怕。”她一边说着，一边摸着胃部靠回椅子。

“你非常勇敢地接受治疗，再也不会有那些戒断症状了。现在你的身体成瘾已经得到控制，接下来我们来重点看看成瘾的心理和情感因素。我已经改变了你的团体治疗计划，包括一些恢复团体，以及一些双重诊断团体。我们也会在我们的面谈上讨论你的毒瘾问题。你觉得自己准备好了吗？”

“什么是双重诊断？”她问道，一边刮着头上结痂的边缘。

“双重诊断。现在你既有毒瘾和酒瘾，还有确诊的精神紊乱。在你治疗期间，你需要有一个独特的环境，我们得确保你能得到所需要的所有支持。”

“好吧，听起来不错。我们在面谈时会讨论什么？”珍妮卷起她一直拽着的袖子，我看到她胳膊上的伤痕，从胳膊肘一直延伸到手指。

“嗯，我想从今天开始，你来跟我讲讲关于你吸毒的历史，你是从什么时候开始的。你准备好了吗？”

“准备好了。”她深深吸了一口气，把她散碎的头发绑到头顶的绳子上，“我很小的时候就开始吸毒了。我还在上学，我在十年级的时候就辍学了，所以我应该是12岁或11岁左右开始的。

“我妈妈总是不在家，她打了两份工，工作结束后，她会去酒吧，所以我和姐姐经常独自在家。我姐姐杰姬比我大四岁。她总是把她的朋友和男朋友带到家里，他们在她的房间里抽大麻，抽烟，喝酒，听音乐。她的房间就是一个车库。

“有时候，我也会去。但我只是坐在那里看着他们，我不抽烟，不做其他事情。她也不介意。她的一些朋友对我很好。后来来了一个男孩，他喜欢我，我想。他的名字叫罗尼。

“有一次，他走过来坐在我旁边，他们都在外面晃悠。我在垃圾桶旁边的角落里，他走过来问我多大了，以前抽过大麻没有。我回答抽过，尽管我没有，但我不想看起来像个什么也不懂的小孩子。”

我暗笑，想起自己小时候，在一群比自己大的孩子面前，声称自己在课余时经历过特别的冒险。

“所以，他把大麻递给我，让我证明给他看。我受到的打击太大了，因为我以为就像吸烟一样，我以前吸过烟。我咳得厉害，感觉自己要生病了一样，我跑到走廊上，吐得到处都是。罗尼走了过来，轻抚着我的背。他说我做得很好，我可以和他们一起玩。”她看着我，脸上带着忧伤、怀旧的微笑，“我不知道为什么，但我记得那天晚上我过得很开心。在那之后，一切都变得朦胧起来，混乱不清。当他们再来时，我就开始和他们坐在一起，每天吸食大麻。起初我很害怕，因为我知道我不应该吸毒，但他们都告诉我说，大麻是地球上的一种植物，是纯天然的，化学药品才是有害的。他们让我做的一切，听起来都是对的，正常的。罗尼总是坐在我旁边，抚摸我的腿和背。

“有时他让我感到不舒服，因为他比我大太多了，但我也喜欢他的关注。我知道杰姬绝不会让任何不好的事情发生在我身上。后来他开始带海洛因来。他们说，海洛因也是来自植物，这种植物是面包圈上的罂粟籽的来源，我吃一个带有罂粟籽的百吉饼，也是一样的。”她哼了一声，摇了摇头，“我简直不敢相信，我以为面包圈和海洛因是一样的。”

珍妮继续讲述她的故事。罗尼用橡皮筋把她的手臂绑起来，因为他们用在自己手臂上的腰带，对于她瘦弱的青春期身体来说，太松了。

就像这里的许多病人一样，她说她对海洛因和罗尼都很依赖。然而一段时间之后，事情变了——罗尼开始要求报酬。珍妮对这一切已经麻木了，重述的故事就像在背诵一份购物清单。“强奸”这个词对她来说也已经没有什么意义了，她说，有时她姐姐杰姬也会加入，代替罗尼强奸她 12 岁的妹妹。

“珍妮，今天的时间到了，谢谢你对发生的这一切都那么勇敢和诚实。我想把你加入我们这里提供的一个女性团体中，都是遭受性侵的幸存者，可以一起面对解决所发生的事情。”珍妮高兴地点头。

当她走出门，我看着她头皮上的疮痂，秃了一块的头皮，还有她手臂上的伤痕。谢天谢地，酒精散去了不少。想起罗尼趁势把她逼到一个角落里吸食海洛因，不让她离开，我想到了卢卡斯。我还能否保住我全部的头发？

11月9日　下午4：46

理查德还在抱怨德文和他的夹克。他对这件事变得痴迷，看样子是不会放弃了。他今天花了半天的时间，表示我们必须对这个男人和他的夹克，以及他的五彩纸屑做点儿什么。我们今天没有面谈，但他一遍又一遍地出现在我的门口，要求我采取行动。我得去雪莉的办公室。雪莉是德文的咨询师，所以得让她知道。

"雪莉，德文怎么处理？还有夹克？我有一个病人对他的夹克很是躁动。不要问我为什么。"

"什么夹克？"雪莉正在用塑料勺子吃果冻。

"不是吧？雪莉！他每天都穿的那件皮夹克。那件破旧的摩托车夹克。你别告诉我你没注意到。他每天都穿着。还有他到处扔的五彩纸屑是怎么回事？每次他在我的团体治疗后，就会留下那些棕色的小纸片或者油漆片，还是什么的。你没有注意到？"我看向她的病人椅，上面有五彩纸屑。还真是无处不在。

"哦，那件屎夹克啊。"

"啊？什么夹克？"我以前从来没听到过雪莉骂脏话。就像老奶奶喝威士忌或抽雪茄一样——这到底是怎么回事？“雪莉！”

“他把这件夹克当作驱虫剂。”

“驱虫剂？什么虫子？”

“人。驱人剂。他的屎夹克。他在无家可归的时候学会的。因为在街上睡觉不断受到骚扰，他需要找到一种在那里生存的方式，所以他在夹克后面涂抹了粪便，整个人都是屎臭味，人们就远离他了。”她对刚刚说的那些一脸无动于衷，就像告诉我火鸡烤好了。我被诱惑了，被击退了。

“……”

“雪莉！那些是屎片？你的意思是说，整个这里的五彩纸屑是一堆干屎片?!我的神啊！”

我砰地关上了她的门，冲进洗手间，使劲擦洗我的手。我很生气，也很震惊。我们一直在处理的居然是**干屎片**，雪莉从来没想过要告诉我们！上帝啊，难怪理查德对那件夹克深恶痛绝。

我坐在办公桌前，写了三封电子邮件。这是一种生物危害，所以我得让蕾切尔没收那件屎夹克。另外一封要求负责保洁工作的人员对团体治疗房间进行深度清洁。最后一封是让所有工作人员都知道，他们身边的五彩纸屑其实都是干屎片，一旦我们有所忽略，就会被感染精神错乱。有了让自己保持神志正常的压力——需要确保存在着某种东西来保持我和病人之间的界限——像今天这样的事情，让我相信我有密钥，而他们没有。

11月11日　上午8：16

“早上好，蕾切尔。”我悠闲地走进蕾切尔的办公室，坐在她的病人椅上，用一种欢快的语气问候道。

“早上好，萨姆。你今天很有活力嘛。”她清理了办公桌的一角，让我把文件放下,然后开始我们的督导会议。蕾切尔对员工的督导很少，因为她没有时间，她不得不相信每个人都能做好自己。最近有大量新的病人涌入，蕾切尔的注意力都集中在他们的安置上，所以她一直推迟传统的督导会议，让我们如果有问题或麻烦就打电话给她。

“每天早上都充满活力，”我撒着谎，吞咽下了因宿醉胃灼痛而犯的恶心，并戴上眼镜，拉出理查德未完成的档案，“所以，我想既然我们今天早上时间很紧，我就直奔主题吧。”蕾切尔点头，喝着咖啡，旋过她的椅子面对我。她跷起她的二郎腿，对着我晃悠着。“我和理查德·麦克休每周二上午11：00面谈。有很多人猜测他会不合作，但他一直很守时地跟我面谈。他似乎很喜欢这样的安排。话虽如此，但是在面谈期间他非常不合作。他是绝对不愿意完成他的心理评估的，一旦我试图从他身上获取任何信息时，他会变得非常谨慎和防御。”

“你觉得与他的面谈安全吗？”蕾切尔问道。

“安全。他没有威胁或暴力，只是非常安静，防御性很强。我想他不会伤害我。他似乎通过沉默来保护自己。他不喜欢分享他的故事。”

“你已经查到他为什么坐牢了吗？”

“没。这也是他档案的问题之一。关于他继续治疗的部分几乎什么都没有。我有他所参加的过渡教习所的名字，但没有联系电话和联系人，没有保证人或监督人。我也有他所关押的监狱的名字、他在那里的时间，但没有进一步的信息。一切都很不明朗。有一些复印的文件，但页面上是大片的空白。没有关于指控的信息，所以没有办法知道他是做了什么进的监狱。他完全不会想要告诉我。”

蕾切尔点点头：“是我接收他进来的，所以，其实我也发现了同样的问题。对我们来说，几乎没有什么信息，但奇怪的是，他却坚持要来这里。真的很奇怪。他什么也没告诉我，但他很有礼貌。我与‘启示’和‘地平线之家’的教习所联系过，他们也没有任何关于他的信息。这些地方的人事变更简直可笑，而且他们似乎也没有按规则去记录的要求。”她翻箱倒柜地翻着文件，不知道在找什么。

“你以前有过类似的病人吗？我不太确定该如何进行。就像你说的，他就是一个巨大的问号，我不知道该把他放到什么样的团体中才对，我也不确定如何找出能够帮助他的信息。”蕾切尔喜欢我向她征求意见。

“我在找他的原始材料。他拒绝填写来这里的资料时，我给了他一张白纸。我问他关于他的治疗目标和诸如此类的事情。他潦草地写了些东西，但我记不起来上面都写了什么。”她绕着办公桌滑着椅子走，打开一个文件柜，在一个巨大的杂乱的柜子里开始翻查。

“目前，我只需要继续我们的每周面谈，”我让她放心，“让他加入一些高素质的、能够获得知识的团体，看看他跟着我能不能适应，也许他会从他的壳里出来。”蕾切尔似乎没有听我说,因为她正在找文件。

“找到了！就是这个。”她从笔记本的背面抽出一页纸，“看看这个对你是否有用。”

我从她手中接过，看着理查德的笔迹。是用一根粗铅笔头写的，草书的线条模糊而深浅不一。标题是“在泰弗洛斯的目标”，在这一条下写了几个要点：“为了变得更好。为了宽恕。为了重新生活。”他特别在纸上的不同地方写了泰弗洛斯，显然他特别想来这里。还有其他几个部分,但是被铅笔的线条涂满了,看不清多少。在另一条名为“治疗”的标题下,他写了看起来像“敞开心扉”,还有看起来像“萨曼塔”的单词。

11月14 晚上12:34

外面正在下雪。我站在桌子的一角，盯着窗外。脚手架上的工人仍然在工作。天气非常冷，但下雪的时候很暖和，就像雪正在编织覆盖世界并保持安全的毯子一样。雪片厚且湿，沾在街道旁的汽车上。在这个城市，雪只能停留几个小时的美丽。一旦排雪机来了，漂亮的白色的雪就会变成厚厚的灰色的污泥。我只想念我成长的那个家的雪，想念雪一直没有被动过的样子。

我的门有点儿半开着，我听到走廊里的病人在喋喋不休。我的办公室在计算机房对面。计算机房是一个受欢迎的地方，病人尝试看色情网站或聚在一起聊天的地方，里面有两个破旧的沙发，总有人睡在那里。

我听到门外有个陌生的声音，可能是在靠近机房外的墙边。这是一个男人的声音，布鲁克林口音，还有缺牙的嘶嘶声。他的声音响亮而生硬，但他把声音压低到耳语声，为他的故事增加了一种诡异的气氛。我走到门口，没有露面，听着外面。

“是女人——女人把你带到这些地方的，兄弟。不管你做什么，你都无法取悦她们。”

“一个女人把你弄到这儿来了？”另一个男性的声音，我没辨认出来。

“是的，我前女友。”

“她做了什么？”无论谁在讲这个故事，都会引起听众的注意。

“她和我分手后，就跟我最好的朋友搞在了一起。哼哼。这怎么行。所以，别无选择，我必须把她弄回来。还没有人这么不尊重过我。”

“你怎么做的？你怎么把她弄回来的？”

他压低声音尖叫：“我杀了她。”

“你杀了她？”听众喘息着问。

“嘘！闭嘴。再喊我就不说了。”

“你怎么做的？”听众低声问道。我还在办公室偷听。我并不担心——这类浮夸的故事在这里并不少见。有些病人把这里当作监狱，他们让自己看起来更可怕，会觉得更安全，所以关于谋杀的扯淡故事很猖獗。

“哈哈。我告诉你我是怎么做的。她在布朗克斯有一栋房子，她会让她的狗从后门跑出去撒尿拉屎什么的。有一天晚上，我去了她家，等她把那只狗放出来。我一看见那条狗，就跳过篱笆，抓住了它。”

我听到电脑室里传来椅子在地板上滑行的声音，后面跟着几个快速的脚步声。这个故事吸引了更多的听众。

“它是一条毛茸茸的老狗。我拿着一罐打火机油，倒在了它身上。它是如此愚蠢，它开始舔，它也喜欢机油。一直在舔。当我点燃它时，它停了下来。”

“你把狗烧了？”

"对，我烧了！它开始狂吠，我就拎起了它的后腿，朝着后窗扔向她的房子。它砸碎了窗户，窗帘也着起火来。我听到那条狗尖叫着，然后我听到了阿莉莎的声音，她也开始尖叫。她想把狗弄出去，但是它死了，火越烧越大。"他的声音变得越来越高，我能感觉到我的拳头紧握着。

"然后，她跑出后门。我呢？我就在那儿等着她。外面很黑，她甚至都没看见我，所以她直接撞上了我。我抓住她，把她转过身来，这样她就得看着房子在烧着。我用手捂住她的嘴，不让她尖叫。就是这样。看到没？"我几乎能想象得到，讲故事的人在给伸长脖子听故事的人看什么。"她开始咬我的手。我把手放进她嘴里，她停了下来。"

"房子着得很快，我的意思是非常快，越来越热，浓烟滚滚，我把她拉到房子后面的小巷里。一开始她还在拼命地拉扯，当她知道已经无法挽救了，她停止了挣扎，只是看着它。火燃烧的声音很大，救火车来时，听不到任何声音，甚至尖叫。我把手从她的嘴里拿出来，我告诉她：这就是背叛我的下场。"

"没人看到你吗？你没有被抓吗？"

"没有。甚至没有人知道我们在那里。她开始乞求，抽泣，哭诉，这就是当时的情景。我把手放在她的脖子上，然后挤压。甚至都没花多长时间。"

听着这自以为很有男子气概的鬼扯，我的脸愤怒地扭曲着，我对听众那可怜的欣赏之情失望不堪。这个反社会的故事，这些人的崇拜——我永远都不明白。这些年来，我听到的越多，越觉得它在渗透我，扰乱我的神智。我一直在听，我听到一些人把故事的一部分转述给后来者。我甚至听到了似乎是击掌的声音，然后我听到刺耳的，几乎是恐慌的喘息声。一个熟悉的声音，颤抖着，怒不可遏。是泰勒。

“你把一个女人的狗放火烧了？你把她的狗扔进她的房子，她的房子着火了？”显然泰勒听了故事，很惊骇。

“是啊，兄弟，有什么问题吗？”

“什么问题？你杀了她？就因为她对你不忠？”他的声音越来越高。

“你在找事儿，兄弟？”

“是啊。对，我就是在找事儿。”

“嗨，伙计们！”我一边喊一边打开门，假装没有听见之前所有的对话，“发生了什么？你们都还好吗？”很明显，走廊里的气氛很紧张，很多病人都逃到了电脑室的沙发上。眼睛盯着泰勒和讲故事的人。

“你好，我是 Dr. 詹姆斯。我们应该没有见过面。”我向讲故事的人伸出了手，他的眼睛一直盯着泰勒。无视我。“你叫什么名字？”

“弗洛伊德。”他的视线仍然在泰勒身上。弗洛伊德比泰勒要矮 30 厘米，但可能比泰勒重 50 斤。

泰勒气得发抖。

“萨姆小姐，我想你现在不该来这儿。”

“是吗，泰勒？”爽朗的、毫不知情的语气，“怎么了？”

“这个男人不尊重女人。”泰勒把重心从一只脚移到另一只脚，握紧拳头，又松开拳头。弗洛伊德没有动，他目不转睛地盯着泰勒，等着他的动作。

“投手在几个月后开新闻发布会。”和泰勒谈论扬基棒球队是我的王牌，能够在没有保安或后援的情况下化解这一切。“弗洛伊德，你是棒球迷吗？”我走到他们中间，空气中充满了汗水和愤怒的味道，“泰勒和我都是扬基队的铁杆粉丝。”我比弗洛伊德高一点点儿，所以当我走到他面前时，他不得不转移视线看着我。我挡住了他看向泰勒的眼神，他不得不跟我说话。

“是的。我偶尔也看棒球比赛，女士。”

“美国人的消遣。一件美好的事情啊。现在——”我拍了拍手，“你们这些绅士应该在哪里？我相信我们可以做一些实质性的事情，而不是在走廊里闲逛，对吧？

没有人回应我，但有几位病人从电脑室里观察着情况，离开沙发，走了。泰勒稍微后退了一点儿，但我仍然能感觉到他的呼吸在我的脖子后面。

“都没有？好吧。但我有事要做。泰勒？送我去我下一个团体治疗？”我知道泰勒是个绅士，如果有女士要求护送，他不会让她自己走。

“好吧，萨姆小姐。”他走到我前面，我听到他磨牙的声音。他开始慢慢地沿着走廊走。我把眼镜摘下来，怒视了一眼弗洛伊德。

泰勒和我走向大厅，我又问他关于棒球的事。他心烦意乱，试图从刚才的故事走过来，结结巴巴地说着话。当我们走到一个空的团体房间时，我走进去，让他跟着我。

“泰勒，当你听到类似这样的事情时，你作出反应，只会满足他们。他讲这个故事就是为了引起人们的反应。我们不要让他满意，好吗？当你被人冒犯时，你要走开，不参与。如果你觉得不能接受，来找我或其他工作人员，好吗？”

“他杀了那只狗。当他说他杀了那只无辜的狗和那个无辜的女士时，我真的很生气。”

“我也是，泰勒。我也很生气。但我们不能让它影响我们，我们必须克服它。好吗？”

“你觉得他是故意说的？他是想吓唬其他病人？”

“也许吧。也许他在瞎编。但即使他没有杀害无辜的狗或无辜的女士，你和我都知道，每天都有无辜的女人和狗被杀害。但是我们不能崩溃，不能为此而去战斗。你是来治疗自己的，不是为担忧别人来的，对吗？”

“是。萨姆小姐，你说得对。我是为担忧自己而来的。然而扬基队，看上个赛季的情况，我们的投手看起来不太行。”

“你说得太对了。”

11月14日　晚上9：21

我坐在沙发上，等着卢卡斯带着外卖来找我。他应该一小时前到，但现在还没来。我试着看会儿书，我得闭上一只眼睛才能看到这些文字。心烦意乱，很饿，我不停地检查我的手机，看卢卡斯是否会给我发短信。什么都没有。30分钟前我给他发短信，问他大概什么时候到，没有回应。我一遍又一遍地重读着同一页。

杯子空了，旁边的瓶子也空了。焦虑的时候，我喝得很快。虽然外面很冷，比上个月还要冷，但我仍在喝冷藏的干白。我仔细地把咖啡桌上凝结的水珠，用运动衫的袖子擦干净，然后踮着脚尖走到垃圾箱，把还在冒着水珠的瓶子扑通一声扔进去，然后开了另一瓶。如果卢卡斯不知道我已经喝了一整瓶酒的话，那就更好了。当我蹑手蹑脚地回到沙发上时，手机嗡嗡响，我的脚踢到了咖啡桌腿上。

是卢卡斯。给我开门，我忘带钥匙了。

我回信。你必须先按门铃，没有嗡嗡声，开不了。

蜂鸣器在我的公寓里发出一声长长的愤怒的尖叫，我按下按钮开了门。在粗糙的安全摄像头里，我看到卢卡斯情绪很糟糕。他粗暴地按下电梯按钮。他通常走楼梯，因为我住在三楼，但当他生气、喝醉了，或者带了东西的时候，他坐电梯。今晚，看起来三种情况都有了。我把门半掩着，回到了沙发上。我倒了一小杯干白，紧紧地握着杯子，抱膝，把头搁在膝盖上，等待着。

卢卡斯一进门，就把外卖扔到了地上。用脚踢开厨房门，怒气冲冲地把外套脱了下来。

“你给我搭把手。”他冲我吼道。我从沙发上跳起来，过来亲吻了他的脸颊。我拿起外卖袋，里面的东西已经冷了，我把它放到厨房的台子上。卢卡斯明显吸食过了，头发垂到脖子后面，衣领被汗水浸透了。他咬紧下腭，又松开，嘴角衔着浓厚的白色唾液。可卡因。他没有对我说其他的话，转身走进浴室。我把他的外套挂在高脚凳上，手伸进衣服口袋，看看能找到什么。

半包香烟。一个黑色的百克比打火机，底部的凹槽可以开瓶盖。一张皱巴巴的信用卡收据，是今天的日期，时间戳是两小时前的。我把东西塞回他的口袋，伸进胸前的口袋里。一张卷起的50美元，一端是湿的，另一端沾了粉，还有一个小的空袋子，应该是用来装一克的可卡因。当我把违禁品放回去时，我的胃火烧火燎。

我坐回沙发上，喝了一大口酒，点燃一支香烟，等着听马桶冲水的声音。他总是用这种方法来掩盖他的鼻涕声。也可能他还有一包。我的房子老旧，水管也老旧了。他肯定又吸了很多，所以一次次冲马桶。不知道他怎么想的，他仍然认为我不知道他在里边做什么。我听到他似乎要出来了，然后他就出现在了浴室门外。

“哎呀，对不起，”他扑倒在我旁边的沙发上，“真是漫长的一天，我带着这些中国菜过来，还找不到钥匙。我只是有点儿沮丧。嘿，”他转向我，亲吻我的嘴，“你今天过得怎么样？”

可卡因的味道，立刻让我的下唇麻木，我推开他，擦了擦嘴：“很好。你的可卡因怎么样？”

“拜托，萨姆。我也不想吸。”他翻了翻眼睛，拍了我一下，“我度过了难熬的一天，我需要提神。同事布赖恩给我的，我们正在合作一个非常重要的合并案，下班要走的时候，他给了我一包，这是一种庆祝方式。我很抱歉没告诉你，但是你小题大做了。”他俯下身，呷了一口我的酒，斜靠在沙发上，手在咖啡桌上方画圈，然后随手撕酒瓶上的标签。他没再看我，我也不回应。我站起来，走到厨房去拿他的酒杯。肾上腺素让我清醒过来，好像我之前根本没有喝酒。

当我坐下来给他倒酒时，他一直在用指尖抠标签。我重新给自己倒满酒，靠向沙发，默不作声。我知道可卡因不会让他安静太久，所以我等着，等着他作死。

“我不是想骗你，”他哀求我，“只是，关于可卡因我们已经谈过很多次了，我是跟你说我要戒掉，但说实话，这跟我的工作有关。”

“现在不是 80 年代了。”

“也许不是你生活的世界，你不知道。但在金融界，80 年代是受人尊敬的十年。每个人都希望回到那时候，有时候，我们这么做，就好像回到那个年代了。这不是什么大事，跟你无关。”

“对我说谎就是跟我有关。”我们都抽着烟，烟雾像灰色的极光一样，飘浮在空气中。

“是，我不该对你说谎。”他转过身来看着我，左手压在我的膝盖上，香烟还夹在手指间。另一只手拿着酒杯，不停地啜饮，吱吱作响。小口抿酒的时候，用他那两只大眼睛望着我，然后开始摸我的大腿。

“你今天为什么这么晚？”我问道。

“因为在和布莱恩嗑药，萨姆，我要向你解释多少次？不要再惩罚我了，我已经认罪了，没什么可以交代的了，**萨姆侦探**。”他拿回手，烟灰掉在我的裤子上。

有大约 30 秒的时间，在他道歉的时候，我占了上风。但现在，我看到它从我的手中滑落，滚到沙发下了。卢卡斯所做的一切，包括对我撒谎，莫名其妙地，我把它们都归结到可卡因上了。平静的祷告教会了我，有些事情我无法改变，但不知道为什么，阻止他吸毒是我觉得我能做的事情之一。慢慢来。我要不断地打击那些恶习。总有一天，我会有力量阻止，他对我和他自己造成的一切伤害。

因为被我抓包，卢卡斯现在很生气。我正在考虑我的出路时，他突然站起来，伸出手来拽我。

“我们吃点儿东西吧？厨房里有这么多中国菜。我们吃点儿东西，忘掉那些无关紧要的事情，好吗？”他紧紧抓着我的手腕，把我拖进厨房。他从水槽上方的柜子里拿出两个盘子，摔在台子上。打开外卖袋，掏出两个白色的纸盒。卢卡斯甩开我的手腕，砰的一下打在我的身上。他把捞面和芝麻鸡装到盘子里。每次他摇晃纸盒的时候，我都能看到他越来越愤怒的表情。我开始慢慢地往厨房外挪。

“你要去哪儿？你让我带晚餐过来，我来了，为我们准备晚餐。别想溜，假装你没有用你的指控和你的侦探工作破坏我们这个夜晚。给——”他在我面前放了一盘冷了的中国菜，“吃。这就是你想要的？”

他把他的盘子放在厨房的台子上，头低垂着，眉头紧锁着。我双手托着我的盘子，后退。

“谢谢你带中国菜来，但我没有破坏我们的夜晚。你是那个迟到了几个小时吸可卡因的人。”我一直在后退。

“所以，是我毁了今晚，是吗？”

“不是，这个夜晚并没有被毁掉——”我恳求他，但是他突然靠近，拍掉我的盘子，芝麻鸡和碎盘子散落在周围的地板上。他用脚把乱七八糟的东西踢到一边，离我越来越近。我双手撑在他的胸口，想把他推开，但他太高大，太生气了，已经快压在我身上了。

“打我，”他平静地说，脸上带着扭曲的笑容，“打我，因为我搞砸了一切。我毁了晚餐，不是吗？所以，打我。”他开始大喊大叫，胸口撞到我，我跌跌撞撞地撞回到墙上。“打我！”他指着自己的下巴，胸部再次撞上我，我被钉在他和墙之间，没有挪动的空间。我用左手摸到壁橱门的把手，试着拉开，但是卢卡斯的长胳膊伸过我的头，把壁橱门关上了。“打我，”他又一次说道，另一只手抬起来，捏住我的喉咙，“打我！”

11月16日　晚上9：14

我在尼克酒吧和一个朋友聊天，虽然大家都说他很性感迷人，但直到这一刻，我才感觉到。他站在我面前。我们在调情。我们认识的人都挤在我身后的DJ台附近。他用一双我从未见过的眼睛看着我，我感觉整个宇宙都在移动，我的胃也在翻转着。他要吞噬我了，然而我却不想让他停下来。

他是个花花公子——众所周知。我也一直都知道。昨天我看着他和一个青春期的小姑娘勾搭上了，一直以来，女人对他来说都是唾手可得。我看到女人们爱上他，我嘲笑她们，默默地希望她们记得收回感情，我嘲笑那些为他疯狂而争风吃醋的女人。我总认为他是个正派的人，但其实我并没有看到这一点。我看到的只是一个男人。一个只要给我一点点关注，就能把我整个世界都颠倒过来的男人。

有人拿出手机要拍照，当然，这是个问题，因为这里的人都认识卢卡斯，都知道我和卢卡斯是情侣，我应该想着卢卡斯，但我现在几乎要想不起他的名字了。我心不在焉地拉了拉脖子上的围巾，以免那天晚上的瘀伤露出来。我们挤在一起拍照，必然有人会将照片发到

Instagram 上，然后所有的不忠将会暴露，我会是坏女人，卢卡斯会从我的身边离开，我不能这样。

所以我摆姿势，我微笑，假装所有这一切都没有发生——我身体里所有的感觉像一团火在燃烧，在我的血管，在我的胃里，在我的内裤下。假装着卢卡斯站在我的旁边，为了拍照而亲吻我的脸颊。

人们紧紧地挤在一起，没有人看到，虽然我们距离其他人也就几毫米，他的手放在身后，夹在我们中间，握住了我的胸，我想死。他知道我喜欢，而我想做的就是留在这里，多拍些照片，让他一直把手放在我身上，上下其手，然后把我带走，给我更好的体验，永远永远不离开我。

迷迷糊糊中，一切都结束了，在一片混乱后，我走在回家的路上。当我们说再见的时候，他亲了我的嘴唇，只是碰了一下，所以对于那些见证了这件事的任何人来说，都没有任何意义。但以前我们从来没有这样做过，嘴唇被亲过的地方在燃烧着，我正往卢卡斯家走，我想回头，回到那个男人的怀抱，可是卢卡斯会离开我，我不能这样做。但我想要再见到他。我们什么时候能再见？这是一项任务，我必须完成，我要拥有他，不管发生什么。他叫 AJ。我甚至不知道它代表什么。

11月18日 下午12：03

我和大卫坐在他的办公室里，避开外面的世界，吃着午餐。他经常带午饭来，最后被我偷吃一半，或者我们一起去街边的三明治店吃。角落里有一个清真菜馆的袋子，今天我们两个都吃鸡丝盖饭。我们通常和病人一个时间吃饭，不管饿还是不饿——这样就不会在吃饭的时候有访客或闯入者。

“今天早上你在会议上看到朱莉了吗？”我问，用塑料叉子叉住我的牙齿。

“看到她了。怎么了？她做了什么？”

“她在会议上拿着她的香奈儿小套装化妆。”

“这有什么大不了的吗？”

“她是在**精神病院**工作。她那么在乎自己的长相，多可悲啊。”

大卫嘲笑我：“你真的很讨厌她，嗯？”

“我不**讨厌**任何人。我只是觉得她太蠢，不属于这儿。她应该在布鲁明戴尔百货店工作。”

“你参加过她的团体治疗吗？”

"没有，你呢？"大卫几乎不跟我讲朱莉的闲话，也不跟我八卦，因为他成熟，高高在上，所以我喜欢把他拉到我的水平。

"嗯。恰好那次，你的病人冲出去了，新来的那个，高大的那个。"

"理查德？甜菜的事情？"

"哈哈哈哈！"大卫张开嘴大笑，一颗饭粒从我身边飞过，粘在窗户上。"是的，"他一边擦着嘴一边说，"她试图委婉地解释有些食物可以改变尿和大便的颜色以及黏稠度，他立刻就蹿出去了。我猜她想要表达的意思是怕病人们发现屎变红的时候，可能会恐慌，以为是血，所以她想先发制人平息焦虑。"

"当然，如果有人在这里吃甜菜，这也说得通。但是这是个什么白痴！跟个公主似的。我就跟你说她不该在这儿吧。"

"是啊，蕾切尔让我多盯着点儿她，因为她一直在抱怨。"

"真的吗？太美妙了！也许泰弗洛斯会给我一个提前的圣诞礼物——解雇她！"我高兴地舀了一勺鸡丝放进嘴里。

"行了，别抱太大希望。顺便问一下，新来的人怎么样了？上次我们说到你毫无进展。"

"现在还是毫无进展。他的身体机能很好，看起来完全正常，那他在这里做什么？为什么他要接受治疗？让人很是疑惑。"

"给他下的诊断是什么？"

"啊，对。在他的档案里安一个诊断。太容易了。"

"你认为他是可诊断的吗？"

"如果要给他下个什么诊断的话，保险起见，就说适应障碍[1]，而且这也是事实。不过肯定有什么是我忽略了的。这家伙被收进精神病院太奇怪了。除了不合作和固执，他似乎很正常。"

"要不我跟他见一次？看看我能不能看出点儿什么？"大卫总是乐于助人，总是愿意为我付出更多。

"不用了，谢谢。但是，如果你发现什么，多留意一下。"大卫对我微笑着，亲切的保护性的微笑，用没吃饭的那只手笨拙地拍了拍我的膝盖。在他转向窗户时，我试图审视他的想法，他内心里我的位置。

① 是指在明显的生活改变或环境变化时所产生的短期的轻度的烦恼状态和情绪失调，常有一定程度的行为变化等，但并不出现精神病性症状。

11月22日 上午11：06

虽然关于他的档案，我没有取得任何进展，但似乎理查德与我的相处越来越自在。他甚至可能正在建立信任的基础。他在大声说话，不是与他的精神健康有关的事情。他在告诉我他读过的书，或者他听说过，还没有机会读的。我告诉他音乐界发生了什么，他从来没这么高兴过。今天是我们的又一次面谈，现在只是热热身的聊天。

“你有手机吗？”他问我。他今天早上应该没刮胡子，我能看到他的毛孔里长出的一撮灰白的胡子。

“嗯，我有。你为什么问这个？”我的双腿交叠，转过椅子面对他。我们通常都是这样坐着，哪怕面谈一直是沉默的。这是一个治疗技术。人们对沉默会感到不舒服，所以如果咨询师面对着病人，就好像他们在交谈一样，病人就会觉得有义务去填补沉默。

“这个东西出来的时候我没赶上。现在连无家可归的人都有这个，让我很震惊。”

“手机流行起来的时候，你在监狱里吗？”这是他第一次对我承认他进过监狱，我想从他那里得到更多的信息。

“我们甚至用不上电脑，每个人的口袋里都有一台超级计算机。”

“你在监狱里有电脑吗？”

“现在的手机甚至比电脑还先进。”看样子，他是不会跟我谈这件事的。

“这倒是。它们确实让沟通变得更容易。”我暗示他，**沟通**。

“不仅仅是沟通——一切。它有相机、网络、电子邮件。你还可以在这上面看书！过去，你必须有一个大手提箱，才能装下现在手机上所有的东西。它们才这么大点儿。”他伸出宽大的手掌，表示现在手机的大小。

“技术的一个奇迹。”

理查德惊讶地摇了摇头，注意力重新回到报纸上。如果我告诉他，我已经处理了德文以及他那件破夹克这件事，也许我可以把他从他的壳中拉出来。

“在你完全抽离之前，我想告诉你，我调查了你和德文的事情。”

“哦？”他满怀期待地扬起眉毛。

“我跟他的咨询师提出了请求，要求她处理你向我传达的问题，包括卫生问题和团体治疗中的破坏性行为。德文的个人问题已经解决了，我希望你能在他调整的时候，表现出一些耐心和宽容。”

“好。谢谢你。”

“这是给他面子的承诺？”

“不完全是。”

“那是什么？”

“这是一个谢——谢。我很久没有对任何人说过谢——谢了。很感激你兑现了你的承诺。”理查德向我鞠躬。

“我已经表示出了对给你的承诺的尊重，你也应该给我同样的尊重吧，我们可以一起来完成你的档案。”今天最后一次尝试。

他的眼睛再次回到了报纸上，用手背蹭着脸颊，好像在擦掉我的请求。

当我吸入又一个失望的呼吸，我的胸口紧绷。已经快一个月了，我所掌握的，还是他的基本信息。我已经快没有办法了。

11月23日　下午2：14

朱莉用嗡嗡作响的对讲机找我。她尖锐刺耳的声音差点儿把我的耳膜炸裂，所以我飞快地拿起电话，话筒离耳边一米。

“什么事儿，朱莉？”我在一个安全的距离嘟囔，“我能帮你做什么？”

“嗨，萨姆！”我听到她的声音，像从电话线上掉下来的糖浆，有可能通过话筒流到我的脖子上。她停顿了一下，等着我回复愉快的问候。我什么都没说。“呃，我想问你有没有时间来我的办公室一下。我现在正在与你的一位病人一起，我们在团体治疗中发生了一点儿小插曲。”她说小插曲的时候，就好像在说一个幼儿园小朋友在午睡时间尿湿了裤子。

“哪个病人？”

“塔莎万卓雅。”她把每一个音节都念得很慢，因为她担心自己无法准确地说出塔莎万卓雅的名字，会表明她是个种族主义者，或者是不接触他们的人，或者是不信任他们的人。

“一分钟。”在她还要寒暄前，我挂了电话，然后慢慢地踱到朱莉的办公室。

我大声地敲门，突然意识到，虽然我们在一起工作了好几年，但我从未进过她的办公室。她把门拉开，我看到塔莎万卓雅脸上带着羞愧的表情，坐在一把蓝色塑料椅上。看来单位没给朱莉配备足够的办公椅。她邀请我进去，我观察周围的环境。

她没有书或文件，或任何能表明这是一个临床心理医生的办公室的东西。相反，她的书架上放着一件拉夫·劳伦的绿色毛衣、一张全家福，白色相框上刻着姐妹们的话。她关上门的时候，我听到了铃铛的声音，我转过身来，看到门上的两个大衣钩，一个挂着她淡驼色的外套，搭着一条粉红色的格子围巾，另一个上边挂着带铃铛的花环。压倒我的最后一根稻草，是一种镶有镜框的人造再生木材，上面有故意磨损的文字和彩绘的花朵，写着“活着、笑着、爱着”。我能感觉到胆汁和未消化的午餐在喉咙里升起，我想毫不犹豫地直接呕吐到她精心梳过的完美的头发上。我脸上作呕的表情一定很明显，因为朱莉伸出手来挽我的胳膊，问我是否还好。

“萨姆？你还好吗？”当我在朱莉的桌椅上坐下时，我猛地拽出胳膊，将她推开。旁边有一个香薰器，闻起来像婴儿爽身粉。

“塔莎万卓雅？”她垂下了头，我低下头去看她的眼睛，“你想告诉我发生了什么事吗？”

“不能让朱莉小姐告诉你吗？”她把脸埋在手里。她的头发缠绕在绳子上，各种长度和硬度的辫子，有的直愣愣地在头皮上戳着，有的则垂落在眼前。她紧张的时候，就会用手指绕辫子；高兴的时候，会用丝带和绳子绑住发尾。她现在正拉着一根绳子，一根黄色的毛线勒在她左边脸上，带着紧张。

“如果你愿意的话，我想听你告诉我。我想从你口中听到发生了什么。”我把毛线从她的手指间拉开。

塔莎万卓雅发出像公牛一样的鼻息：“我在朱莉小姐的团体里，想着自己的事情，突然，我四处看了一下，发现巴里在盯着朱莉小姐，他的神情不对，我知道他在想什么。”

“他在想什么？”我问道。朱莉在我们边上徘徊，听到她的名字时脸红了。

“他在想，把他的脸埋入这些大腿里！”她指着朱莉穿着丝袜，暴露在她公认的适合工作的裙子下面的大腿。朱莉不由自主地弯腰，用手捂住裙子。

我真是要忍不住笑了：“然后你做了什么？”

“我冲他扔了咖啡杯。”塔莎万卓雅靠向椅背，双臂交叉抱在胸前。她一如既往地没戴胸罩，胸部下垂，落在腋下。

“你的咖啡杯里有咖啡吗？”我几乎要大笑了。

“没有！空的。我应该抽他耳光的。”

“你和巴里之间发生了什么？”

“现在什么关系也没有！在他决定和所有咨询师发生不正当关系之前，我们遇见了彼此，做了几周的情侣。上周他还从食堂的桌子上拿花送给我。在那之前，他还把他口袋里所有的烟都给了我。他说我是他见过最漂亮的姑娘，我们一起吃午饭，我们一起在吸烟区的露台上抽烟。但是现在所有的一切都结束了！”

“你们俩之间还有别的事儿吗？”在泰弗洛斯，病人之间的性行为是严令禁止的，虽然几乎不可能强制执行。因为随着病人数量的增加，很难追踪每个人都在哪里，更不用说想弄清楚每个人都在做什么。晚上，病人与室友发生性行为，不管是不是同性。在浴室的隔间里，在暴露的吸烟露台上，有时甚至在走廊和团体治疗室里。塔莎万卓雅就因为多次行为失检而失去特权，并被孤立，但巴里从未成为她的伴侣。

“没有了。我知道我们在这里进行治疗的时候，是不允许和别人发生关系的。”她摆弄着黄色的绳子，我相信她说的，他们没有做爱。她似乎很关心他，她几乎不和她关心的人发生性关系。

“很好。我很高兴你告诉我这些。但是你知道你不能对别人扔东西的，不管他们是否在看另一个女孩，是不是？”

“是的，我知道。”她用一种不自然的姿势甩了一下胳膊，黄色的绳子被扔到了地上，“他还给了我这些毛线绑头发。”

我捡起绳子，攥在手里：“塔莎万卓雅，我知道当你喜欢的人看着别人的时候，你会很痛苦，但重要的是，你的反应要适当。你想对朱莉说什么吗？”朱莉像中场休息时缺水的小男孩一样倚着我们。她观察我们的互动时，就一直张着嘴，现在她正要说话，她突然挺直了，站起来，让自己平静下来。

“我很抱歉，在你的团体治疗时，我嫉妒了，朱莉小姐。我知道人们会看你，是因为你很漂亮，我也知道这并不意味着我可以向任何人扔东西。”她提心吊胆地说着。

“谢谢你，塔莎万卓雅。我觉得你也很美。”塔莎万卓雅露出了一个羞涩的笑容，把下巴搁到了肩膀上。

“你要跟巴里谈谈吗？”我问她。

“嗯，我想我可以原谅他。”

“我很高兴你能这么想。”我把那根黄线递给她，她把它绑在了眼睛上。我们一起走出朱莉的办公室，我深深地呼了一口气，想呼出香薰器散发的那令人难以忍受的气味。这样的日子让我觉得自己像个动物园管理员，我对自己能继续容忍下去而心生敬畏。

11月26日 半夜12：45

我又来尼克酒吧了，等着大卫来。卢卡斯和我一起来的，但他喝多了，所以自己站在吧台的一侧，盯着手机，我与朋友们闲聊。这里的每个人都认为我和卢卡斯是完美的一对，我们都知道，所以我们尽力去维护。即使我害怕我们独处时他可能会杀了我，但在其他人面前，我们假装得很好，我们是理想的情侣，家庭幸福的灯塔，照亮他们过往那摇摇欲坠的失败。它给我希望，我用它给事业希望。

如果我告诉他们他打我，或者他今晚早些时候在一家色情商店的储物室里，上了一个不知道哪儿来的女人，或者他在浴室里嗑了一堆羟考酮[①]，他们的今夜就完了，我当然不希望这样。卢卡斯和我是完美的……这种感觉是我和他在一起的最后一根弦。

大卫刚走进酒吧，他正在环视房间想找到我在哪儿。我一边喝着杰克丹尼加可乐，一边冲着他挥手。他可能是唯一知道真相的人，我的真相，卢卡斯的真相，我和卢卡斯的真相。我们的办公室隔着一堵墙，

① 其药理作用及作用机制与吗啡相似。

这意味着他能听到我的一切。当我抱着垃圾桶吐的时候，当我对着咖啡哭的时候，他往往会过来问。这些年来，我没有对他隐瞒，我让他知道了，他也没有用这些来对付我。

大卫是我最好的朋友。不只是工作上最好的朋友，也是我现实生活中最亲近的朋友。我没和他睡过，也许我应该睡了他。他对我有好感，我和他调情，和他开玩笑，只是为了让这份迷恋继续下去，但我很小心，绝不让它变成一种需要回报的东西。我喜欢这样。他走过来，我们看着对方，什么也没说，他就着我的吸管喝了一口我的酒。我向酒保希德示意，再来一杯。

大卫贴着我站着，跟我闲聊。我们的暧昧自成一体，隔绝着周围的人。大卫假装没注意到卢卡斯。我不知道他是出于礼貌还是出于防范。

卢卡斯现在状态很好。他的领带应该被他松了一部分，衬衫中间的一个扣子解开了，西服不知道扔到哪儿去了，眼镜上边都是酒，在他的头顶上歪戴着，他要靠在吧台上才站得住。但是对别人来说，他这个样子更加可爱，让人没有防备。女服务生们挤在角落里谈论他，他的手放在别人女朋友的渔网袜大腿上，似乎没有人介意。

当我靠过来时，他的手滑回了自己的大腿上。“假装你爱我，傻瓜。”我笑着说。

“我爱你，你这个肮脏的女人，”他可能不是在开玩笑，“但我累了，我漫长的一周又要来了，所以我要回家了。”他拿起大衣，开始找他的西服。“如果你看到我的外套，帮我带回家好吗？我现在没时间找它了。”

“没问题。”我回应道，把香烟和打火机藏在我握紧的拳头里，看起来也要一起走的样子。如果我表现得毫无破绽，就可以免于一场醉酒的暴力了。

“你不用跟我一起走。我自己回家没问题。”他含糊地说着，我给了那个渔网袜女孩一个眼神。我们用热烈的拥抱和亲吻来表演我们的告别，他还没有付账，就跌跌撞撞走出了门。我假装没看到渔网妹跟着他。

“如果我也走了，你自己可以吧？”大卫问，和我一起假装什么也没看见。

“没问题，我终于可以去约一两个了，或者更多。”

他披上外套，在吧台上留下了50块钱，把我紧紧地搂在怀里：“周一见，如果有什么蠢事发生的话，就打电话给我，好吗？”

“谢谢你，大卫。周一见。路上注意安全。”

既然大卫和卢卡斯都走了，我可以把注意力转向AJ了。他一直和一群我不认识的人坐在吧台旁，但他的表情告诉我，我们都在等待这一刻——我和他在另一个地方的这一刻。另一个世界，另一个宇宙，在那里我们相互缠绕，不用担心别人怎么想、知道什么、看到什么，虽然我们都知道，这是永远不会发生的。我们生活在两条平行线上。我们只能在只有我和他知道的地方，才不会有人说什么。在那里，我们可以在日光下行走，没有其他声音。

酒吧还是那个酒吧，可是我却觉得墙壁像是新刷的，周围的一切似乎都更明亮了。酒吧后面的黑板上，用粉笔写下的那些奔放的话也变得有趣。音乐也像我这两个月都没听过一样。他看我的表情，把我高冷的伪装全部击碎。

他走到了DJ台上，放了一首歌，穿过酒吧指着我。我在尽我所能尽量远离他。他看到了这一点，也看到了我，他放了我最喜欢的歌，口型对着我说，这是送给你的。我点点头，装作不在乎，但我的情感在爆炸着，我所想的只是和这个我甚至不知道全名的男人一起跳下树洞，爱的洞穴。

没有人在看我们，他走向我，把我拉向他，我把自己埋在他的脖颈处，就好像这里是世界上最安全，但又最危险的地方。他对我说："我喜欢你……不仅仅是性。"我嘲笑，因为除了嘲笑，我什么都做不了。他又把我拉回到他的脖颈处，闻起来很有男人味儿。他说他想带我离开这儿，又问我为什么想要和别人一起走。我说："我和谁走了吗？"他说他知道我有个男朋友。我说："那是因为我没有先认识你。"他笑了，把我拉得更近了。

当他把我的脸贴在他的肩膀上时，一种新生活的画面在我眼前闪现。他离开了。他去洗手间了。我观察了一下是否有人在看我们，是否有人看到刚刚的事儿，但似乎没有人注意到，酒吧里的灯光更吸引他们。我跟着他去了洗手间。他在一个隔间里，我站在水池前洗手，等他出来，但我假装不是在等他。

他出来了，没想到会看到我。他开始洗手，用眼角的余光看着我，我装作不是在等他。他在我之前走出了门，哎，我错失了机会。我不知道他躲进了储藏室，当我经过时，他伸手抓住我的手，把我拽进去。灯亮着，但他关掉了，他吻着我，我的人生又着火了。

他一只胳膊抱着我，一只抵着门。我的手穿过他的头发，他紧紧地贴着我，我想做的就是关掉世界，待在这里，直到不再受伤。

他停止吻我，捏住我的下巴说："看着我。"我凝视着他，望进他晦暗幽深的眼睛里。我想我会在地板上融化成水。"你太美了！"他又开始吻我了。最终我果然在地板上融化成一摊水了。

我从来没有对卢卡斯漠不关心，现在也不想跟他分手。我所想的，只是留下来，留下来，待在这里……

然而，结束了。

他向外张望，在确定周围没有人的情况下，让我先走。没有人知道这个秘密。他跟我们认识的人告别，在众人面前亲吻我，仍然没有人注意到。他走进了黑夜。

11月29日 上午9：11

在我坐到椅子上，从手提包里翻出镇静药之前，我听到了一个平稳的、缓慢的敲门声。这个敲门声只可能是艾迪，就像唱 Rap 似的连续不断地敲。艾迪也敲了大卫的门。我听到他在我俩的办公室之间来回走动，伴随着他无力的敲门声。他通常在会议室外面等待我们上午的会议结束，然后走到我或者大卫的身后问我们问题。如果错过了这个机会，他就会找上门，挨个敲，直到我们俩中的一个或者我们俩都有事儿必须离开，或者有其他来人，否则我们就会崩溃，为他敞开大门。

“萨——姆——”

“大——卫——”艾迪说话时就好像每个单词都很长。而且每句话的尾音上挑，像个问句，他在努力把发音发得清晰时，整句话就变得几乎含糊不清。艾迪不是我的病人，也不是大卫的，他是加里的，但他似乎已经隶属于我和大卫了。为什么是我们两个人，我不知道——可能是因为我们俩的办公室挨着，就这么简单。他还在走来走去。

“萨——姆——我——知道——你——在……给——我——开——门——吧，我——是——艾迪……”

他的声音听起来像轮胎扎漏了。我拿起办公室的电话，放在耳边，大声地说："嗯——嗯。"然后戴上眼镜，打开一个门缝，向外窥视，装作一直没有听到他的声音。艾迪把这当作是一种邀请，把一只没有鞋带、肮脏的运动鞋从门缝里挤进来，试图以他的方式进来。我用嘴型说我在打电话，我们待会再谈，我以为这应该就可以了，但是我想错了。

"不——，萨——姆——我——要——跟——你——谈……"他双手扒着门，使劲儿推，但还不够有力。

我用另外一只手盖住话筒，然后说："我知道，艾迪，但这是一个非常重要的电话。我们晚点儿再谈。"

"好——吧—— 一——个——小——时……？"我在关门的时候点了点头。我不会在艾迪回来前的一个小时内回答这个问题。我希望我有精力和体力帮助艾迪，但我今天做不到。我今天没有洗头，早上醒来时发现一根血淋淋的蝴蝶针扎在头发里，只能贴好创可贴，梳了一个精致的发髻来掩藏。我摘下眼镜，放下电话，我想知道我还能承受多少。

艾迪在泰弗洛斯待了很久，可能只有上帝知道他在这儿多长时间了。我在这儿工作的六年里，他有三次被送往精神科急诊，都是因为自杀行为或自杀前兆。心理医生被要求能够判断出自杀的举动和言论是否属实，并采取相应的措施。这是在这个行业中最困难的事情之一。因为，有的病人会在手腕上别曲别针，直到红色的伤口渗出小血珠，有的病人说"如果不给我喝橙汁，我就自杀"，很难区分。

大约四个月前，艾迪第三次被隔离后，我们开了一个专门针对他的案件的晨会。我记得加里一直在飙汗，一会儿喝一大口樱桃味的“佳得乐”，在他的上嘴唇留下一圈湿漉漉的红印。加里很害怕，如果艾迪自杀死了，他会被起诉。之前为了保护自己，加里非常仔细地检查每项服务计划、治疗结果、病例记录和评估，如果有打字错误或其他错误、咖啡渗漏，他会重新打印和复印，直到他觉得那些文件让他无可指摘。当然，艾迪没有家人，所以如果艾迪死了的话，任何人都可以起诉，这个事实有点儿荒谬。

我记得加里完全无法冷静下来报告发生的事情，蕾切尔接过了会议报告这件事。她还做了几个突出的影印本，影印了艾迪档案的重要部分，并要求我们与我们的“邻居”分享。我的邻居像往常一样是大卫。我又是醉得厉害，大卫悄悄地告诉我，我的头发上有一个烟蒂。他在没有引起注意的时候把它拿掉了，然后我们默默地把注意力转向了文件。虽然只是艾迪档案的一部分，但很厚实，充斥着资料的删除和更新，以及一些诊断上的变化。复印件上还有多个便笺贴的复印痕迹，黑色的复印线将页面平分。这是一份从一个临床心理医生传到另一个临床心理医生的文件，在他们都束手无策之后一份份传递下来的文件。这个行业巨大的悲哀之一是，看到有人溺水而无法挽救他的生命。

我记得我和大卫快速翻阅、浏览相关术语。我们同时注意到一份由 W.D.R. 签署的声明，缩写是我们俩都不认识的，日期是 2003 年，写着“无法挽救，无药可救”。

“这是什么鬼东西？”我无意中打断了蕾切尔的讲话，这句话太让我愤怒了，“这是什么意思？搞笑呢吗？”

“什么什么东西？”蕾切尔问道。

“无法挽救？我们的工作难道不就是挽救别人吗？这不是我们要做的吗？没有什么‘无法挽救’。这是一个人，不是飓风过后的房子。”

“我同意。但是，萨姆，这么多年来，治疗对艾迪并没有什么效果。”蕾切尔说道。

“好吧，可是当我们都放弃他们的时候，他们该怎么办？我们的工作不就是不放弃吗？难道我错了吗？”大卫把胳膊环在我的椅背上，拇指摩挲我的肩膀，让我冷静下来。当他小声擦着我的耳朵说“放轻松，母老虎”时，我的毛更顺了些。

“不，萨姆。你一点也没错。我也有同感。”蕾切尔说道。

我对艾迪有些过分保护了，因为他对我和大卫是如此依恋。对他，我仍然狠不下心来。

当我想起几个月前的这个会议时，我突然觉得我应该给他开门。我应该花时间和他谈谈。如果没有人救他，我应该救他。我本可以跳入水中，把他从水中救出来，但我的脑子里装满了卢卡斯、AJ，如果卢卡斯知道了尼克酒吧储物室的事，他会怎么做。我还是没办法集中精力应对艾迪。

12月1日　下午5:30

每年，在这里工作的每个员工都必须进行心理评估考核。这里的很多员工都是有执照的专业人士，能够胜任心理评估工作，所以我们一直都是相互做评估，然后把结果提交给纽约州精神健康办公室，我们称之为OMH的地方。如果任何员工被认为不适合在这样一个压力大且敏感的环境下工作，就会被相应地调整。坚持这些预防措施挺可笑的，因为如果你没疯，你才不想在这里工作。

今年，由于国家对心理健康的认知和警惕性发生了重大变化，我们不允许再互相评估。相反，会由几个训练有素的、冷酷无情的，不是OMH提供的跟我们关系密切的心理医生，给每个人进行深入一周的评估。每个员工，特别是能够接触所有病人，所有档案——更不用说所有药物的人——都要由两个精神病医生单独面谈。面谈包括一系列的心理测试和盘问，以及详尽的背景调查。不用说，我已经先害怕了。一连串的炮轰将从星期一开始。这个周末我必须不能喝得烂醉，因为星期一我必须保持清醒。**星期一必须清醒。星期一必须清醒。**

我花了一整天的时间来消磨时光，一天结束后，我和大卫才可以逃离我们的现实生活，坠入喝酒的世界里。在泰弗洛斯的日子总是漫长且累人的，新病人的到来，不断加重的责任，真正放松的时间和可能性一点点消失。我一直期待着与大卫一起逃离这里，逃避任何可能被认为是成年人的义务。

“等一下，朱莉刚刚发短信给我。”大卫说。我夸张地翻了个白眼，表示我不希望朱莉加入，大卫正在输入他的拒绝短信时，一个活泼热情的穿着华丽的博柏利的朱莉出现在我们面前。

“嘿！大卫，我刚发短信给你。你们在干吗？”在泰弗洛斯一天结束的时候，谁还能像她这样精力充沛？我是不知道。

“我刚要回短信。”大卫一边把手机塞进他的后兜，一边说。

“你们要去玩吗？如果你们愿意的话，我想和你们一起去。”水汪汪的大眼睛带着恳求，我几乎没有勇气对她撒谎。几乎。

“是啊，”在我回避她的攻势前，大卫回道，“我们要去吉米酒吧。你去吗？”

“呃，吉米酒吧？”我强迫自己冷静，“我和那的酒保睡了，他连着给我打了一个月的电话了。我不能去那儿。你们去，下次我再和你们一起。”我已经走在走廊上了，从包里拿出来香烟，摸找打火机。

“等等，朱莉和我……”在他还没说完这句话之前，我整个人就炸了。脑海里尖叫着，他不能把这只小可怜虫带到我们的酒吧里去，她不能来破坏我们神圣的友谊！为什么要让别人插进来？为什么他要选择她而不是我？我得保全面子。不能让他为了她而放弃我！我走。我先走。如果我先离开他，就不是他离开我了。

“别担心这件事了。明天见。”我走出来，走进了黑暗的傍晚，不停地打着打火机。风总是把火吹灭，我点不着烟。我想对着风尖叫，我想把眼泪都归咎于风。我想跑到地铁，躲在末班车里，假装我不想杀了大卫，也不想让他离开我！**我！**这么多年的朋友，他选择了朱莉。朱莉，那个可笑的只会滑稽模仿的口齿不清的人类！

我在C线车的残疾人座位上蜷成一团。C线车的咔咔声和摇晃比其他车都多，能帮我缓解压力。我需要找到一个慰藉。我需要做些事情来填补这个拒绝。我需要有人来爱我。AJ到底在哪儿？

12月1日　晚上7：06

下车之后，我的电话一直在响。是大卫，我没有接。我看了他发给我的每一条信息，但没有一条能弥补他选择了她而不是我这件事。他甚至不明白，他为了一些闪亮的塑料替代品而抛弃我，我为什么如此不高兴。

我在尼克酒吧里，跟每个人问好，拥抱，亲吻。在虚伪的真诚里，我在找一张友好的脸，或者人。

走进酒吧就像站在公共汽车后面。寒冷多风的寂静，被一堵热浪、噪声和移动的墙所阻隔。这里永远都是昏暗的，让你即使在最糟的时候也能看起来最好。DJ给了我一个眼色。我瘫倒在酒吧中间我最喜欢的凳子上。我还没跟希德打招呼呢，我看见他给我倒了杯杰克丹尼加可乐。

“萨米！”他带着爱尔兰口音说，“最近过得好吗，我的小妞？”

“希德！你怎么样，宝贝儿？”无论在我的生活中还是在我的脑海里发生了什么，我都是那个欢乐的漫画人物。很少有人想看背后真实的我，更没有人会真正看到。

模拟飞行游戏还没开始，所以我在看赛前秀。我一直盯着门口看，又让自己看起来不像是在盯着门口看。我不知道如何才能让AJ自己过来，不用别人叫他。神仙显灵吧。希德又带着同样的酒水回来的时候，我才意识到我把酒不知道放哪儿了。我看到克莱尔，那个年轻的金发鸡尾酒女服务生，正朝我走来。

“嗨，亲爱的！”她左手端着满满一托盘的空瓶子，亲了下我的脸颊，“卢卡斯在哪儿呢？”

“什么在哪儿？”我听到她说了什么，但我得需要一分钟来回答。我该说什么呢？他在跟某个人上床，他在吸毒。他在去酒吧的路上在商店里买了一瓶尊美醇，上次之后他就……

“卢卡斯！卢卡斯呢？”她微笑着说。

“他还在工作。他还在办公室，处理一些重要的工作。我其实也不知道他整天在忙什么。”

微笑，只是一种承认，她爱上了他。“哦，很高兴见到你！”她走到服务台，放下托盘。我给了她一个笑不露齿的微笑。

我开始看大卫给我发的信息。最开始的信息都是很迷惑，想知道我为什么走了。接下来的是挽回，他没有跟朱莉一起去玩，他希望我跟他一起。刚刚发的信息明显是酒精引起的，跨越了朋友之间的无形的界限。我感到安慰的是，他可能爱上了我。所以即便AJ可能不会爱上我，我也感到放松下来。但我也想到了卢卡斯，我的男朋友，没有给我发过一条信息。

我有一种熟悉的感觉，我的反应开始迟缓，周围开始收缩。我不再四处张望，而是享受在自己那半径两尺的世界。我喝着酒，不确认克莱尔是否在看着我等卢卡斯出现，确认的是大卫对我的情感，我终于有了我的铠甲。我听到了空气中传来周四橄榄球之夜的声音，我感觉到了。我在现状中找到了安慰。我的手机在振动，我低头看了看，大卫的另一条信息。

她喝醉了，我不知道该怎么办。你在哪儿？

我感到我的胃里充满了嫉妒和绝望的金属味道。他在照顾她。我不会让这件事影响到我。我的反应不会变。

我在反复输入和删除之后，回复：你知道我在哪儿。

10 分钟内到。大卫要抛下她来找我？意料之外。可是我希望大卫现在过来吗？我还没有完全放弃对 AJ 的希望。我决定抛硬币，来决定是否应该劝阻大卫过来找我，但在我下定决心之前，他已经出现在我身边了。

“你为什么不来找我？我被她缠了好几个小时！她酒量太差。简直是灾难。”大卫上气不接下气，我知道他是从地铁站跑过来的。

“我？我又不是白痴，会跟她一起玩！”我是高兴他来了，还是仍然在为他抛下我而愤怒？

“萨姆，你想多了。你也可以一起来的。”他向希德示意要一杯水。

“随便你怎么想。反正我是不会和朱莉一起的。”说这些的时候，我不敢看他，害怕在他的眼睛里看到抵触，如果我看到了，我知道他就会离开我，去找她。我向左倾斜，避免被撞到，因为他扑倒在我旁边的座位上，喘着气。

“她是个无足轻重的人！我们没去吉米酒吧。她说她宁愿去郊区的某个地方，所以我们就去 84 号街有红格子桌布的那家，你知道那里不？她喝了两杯长相思，就醉倒了。”他想安抚我，但我并不需要。

大卫和我肩并肩坐在一起观看比赛，我能感觉到他小心翼翼地碰触，但我太受伤了，不想跟他说话。他问我是否想再来一杯，没有看我。

“龙舌兰。”我也不看他。大卫冲希德打了个手势，希德自觉地倒了三杯——两杯龙舌兰，一杯威士忌是给他自己的。他把酒端过来，举起了他那杯。

“敬一直漂亮。”希德仰头喝掉酒，放下杯子。

大卫把杯子举到我面前，恳请我碰杯。我看到他红润的脸和眼中的真诚，我放下了我的武装，跟他碰杯。我们相视一笑，我一把拽过他抱住，可以称之为亲密的拥抱。

绝望会让你做一些有趣的事情。

AJ 进来的时候，我和大卫亲密地站在吧台旁，我的心又跳到嗓子眼了。我发现自己立刻整理衣服，抓松头发，用舌头清洁牙齿。大卫没有注意到我的变化，不停跟我说话，当我感觉到他的手从我背部往下抚摸时，我像被火燎了一样跳了起来。AJ 还没看到我，我怕他看到我在看他。整个酒吧变成慢镜头，我站在中间等着 AJ 看到我，我感觉自己就像《实习医生风云》里的那个杰迪。

12月1日　晚上8：23

我不能在这里同时跟AJ和大卫亲近。不现实。如果AJ看到我和大卫在一起，他不会再吻我，我也不会再次迷失自己，但是——上帝，他看到我了。他在门口向我眨眨眼，然后走过来了。

他跟大卫问好，握手，拥抱对方，然后转向我。他把我拉进他的颈窝，一只胳膊搂住我的背。他用他那邋遢的脸亲吻我的脖子，在还抱着我的时候微微向后倾，又冲我眨了眨眼。我怕我的脸会出卖我，所以我低下头。他的手放在我身上，抚摸着，点了一杯酒。希德比了个明白的手势，做了一杯金汤力。今晚什么都不会发生了，因为大卫在。哎,本应该是自行车,结果变成了三轮车。音乐开始充斥我的耳朵，我的脸变得发烫，我希望一切都会改变。

AJ在找他的熟人，所有的女孩都在看着他。嫉妒在胸口升起，我伸手去拿酒，却发现酒在大卫手里。我把酒抢过来，吸管还被他咬着。他傻呵呵地笑着，吸管从嘴里伸出来，我虽然爱他，但我想让他从酒吧里消失。

AJ在跟不同的人打招呼，他还抱着我，让我觉得既新奇又害怕。大卫终于看到了，但他又转头专注地看比赛了。AJ坐到我的椅子上，把我拉到他双腿之间站着。他问我这一天的事，大家都在看他，他只看着我。我试着冷静，但失败了。我的嘴唇在颤抖，我的自尊早被剃须刀割伤了，我喝得太醉了，没法妥善处理。

屁股兜里应该是短信的振动，如果不是大卫，也不是AJ，那是谁都无所谓了。但是我需要分散一下注意力，所以我把手从AJ的手里挣脱出来，掏出手机。我读了短信：你在哪儿？是卢卡斯。但我现在不需要他。

AJ开始玩我的头发。他回过头和大卫说话，但他的双手都在抚摸着掉在我脸上的金色头发。我觉得我好像被海浪压得喘不过气来，而我却在纠结对卢卡斯该说些什么。AJ触碰的电流让我很难集中精力做任何事情。

我把手机放回口袋，假装卢卡斯没有发过信息。假装，不是什么新鲜事。AJ把我的头发往后捋，说："我们应该做点什么呢？"

我无法想象一个合理的反应应该是什么，所以我说："喝酒？"他露出了一个坏笑，捧着我的脸，吻了我的嘴。一瞬间，整个宇宙打开了，我被吞没在一个安全的地方，那里的一切都是温暖的，柔软的，音乐都像是在为我心跳。他松开了我去找希德。

安全的地方没了，我又暴露了。AJ去点酒，受伤的大卫看着我，似乎在问我到底是怎么回事。内疚让我无法抗拒，我不能让大卫对我生气，我开始和他调情。他仍然面对着电视，坐在AJ旁边的凳子上，我搂住他的肩膀，亲吻他的脸。他问我是否喝醉了，我撒谎说我很好。他拿出手机，看了看下午他发给我的短信。他显然很生气，我不知道该怎么办。

“我们敬什么？”AJ 把椅子转过来面向我，大卫越过他的肩膀递给我一杯酒。“你没事吧，哥们儿？”AJ 问大卫。

“没事。工作了一整天，累。”大卫转向 AJ 回应，但没有直视他。

“哦？是吗？那你需要喝一杯这个。”AJ 一边说一边对着我微笑。我在微笑，努力注意这是否会伤害大卫。我把龙舌兰酒倒进喉咙里，甜蜜的灼伤让我不那么在乎了。我放下酒杯，闭上眼睛。我开始在 AJ 的膝盖之间摇晃，忘记了一切。

大卫离开的时候，似乎亲了我的脸一下，我伸手去抓他，但他已经走出门了。我们是孤独的。我一直在等待这个时刻，AJ 和我单独在尼克酒吧，卢卡斯消失了，大卫受伤害了，然而所有我能看到的，是 AJ 黯淡的眼睛和浓黑的眉毛，所有我想要的，是掉进这个深渊。

他把另一杯酒放到我的手上，抬头看我的时候，牙齿咬着嘴唇。我仰头喝下酒，俯下身去吻他。他尝起来像烈酒、香烟和肉桂味的口香糖。他的舌头又软又热，在我的嘴里滑动，我突然意识到我们是在公共场合，所以我退开，舔了一下嘴唇。

我去跳舞了，音乐太吵了，人挤在一起。一股微风从敞开的门吹进来，很冷，我的脖子上起了鸡皮疙瘩，我感觉到 AJ 的手在我的腿间蠕动的强度。

“住手。”我微笑着把他的手拉开，“我们不能这样。我有男朋友。我们不能这么做。”

“不能做什么？我什么都没做。”他狡黠的笑很没有说服力，但我知道我们不能在酒吧里被别人看到。

“我们不能这么做，AJ。不能。”我咬着下唇，让他有机会说服我。

“我不能在这儿吻你。”

“那在哪里可以吻我？”

他在耍我。他在控制着一切。

“你跟卢卡斯都做些什么？”

“说谎。”

“我们走吧。”AJ 在签账单，然后把我领出了门。

“去哪儿，我们？”

“去我的住处。”

“不，不，不。”我像小狗挣着项圈一样往后挣扎，试图拒绝跟他一起回家。

“AJ，我不能——我不能跟你回家。”

他拉着我，退到一个关着窗户的杂货店前。把我推到冰冷的铁栏杆上，开始吻我。他的嘴很温暖，空气很冷。我们像饥渴的青春期少年一样互相啃噬着。

有人经过，我不在乎。我感觉自己抬起了右腿，缠上了他的腰。

我知道他住在附近，但我从来没有去过。当我们醉醺醺走到他公寓大楼的最后一个台阶时，我感觉自己就像一个电影明星，被一个彪悍的保镖挡在狗仔队面前一样。

我们进入旋转门，走进温暖的大厅，然而他却一直没有松开我。他跟值夜的人打招呼，对方调侃他是不是比赛输了。我腼腆地笑了一下，我不该来这。

AJ 的公寓在 27 层。他一手牵着我，一手拿着钥匙打开门，闻起来像白杨木的暗色系公寓出现在我眼前。

我在心里对他的公寓一样一样检视，寻找是否有其他女人的迹象，寻找能让自己免于做出这个可怕的决定的东西。什么也没发现。除了自行车的车把上搭了一条浴巾，一切整洁有序。

水槽里有几个酒杯，我努力想看看杯子上是否有口红残留。他带我到沙发那边，让我随意坐，帮我脱掉外套。他放开我的手，走到冰箱前面。

“再喝点儿？”

“必须可以啊。”我可能不能再喝了，但我需要一些什么来稳定我的神经。

他拿了两罐喜力过来，挨着我坐下，几乎都快坐到我身上了。之后他拿起一个我不知道是什么的遥控器，似乎点开了什么机器，看不到在哪，The National[①] 的歌立刻充斥了我的耳朵。他仰倒在沙发上，肩膀压着我的肩膀，手放在我的膝盖上，喝着他的啤酒。

我有一种赤裸和紧张感，极力挣扎着想要表现出自信和性感。在尼克酒吧，人多反而让我有安全感和自信，但是现在没有什么可以保护我，没有什么能让我有安全感。

他在期待着，听着音乐，专心地抚摸着我的腿。

“我得去一下洗手间。”对，我需要暂时的逃避。

他给我指了浴室的方向，我抓起手提包走了进去。一切都很整齐，马桶上方的架子上放了几卷厕纸，杂志整齐地摆放在旁边的隔板上，

① The National，美国乐队，*Sleep Well Beast* 获得第 60 届格莱美音乐奖最佳另类音乐专辑。

在几处地方放了几瓶打开着的古龙香水。

我在镜子前检查了一下自己的脸，努力保持清醒，看看自己实际是什么样子的。在擦掉睫毛膏晕染的小黑点后，我开始翻手提包，翻出为“钓鱼”准备的紧急过夜的东西。

我踢掉帆布鞋，脱下裤子，脱掉内裤，换上包里的新的。我在下眼睑打了点遮瑕膏，希望看起来是晒成的棕褐色。又怕闻起来有烟味，我挤了 AJ 的牙膏用手指简单刷了一下牙。然后才穿上裤子和帆布鞋。

我回到客厅时，AJ 在看电视，脸被电视的蓝光照得亮亮的，然后看着我微笑。我走到沙发前，要坐下时，他把我拉到他腿上。当衣服散落一地时，所有我在乎的，从头掉到脚下。

12月5日　上午9：21

我坐在一个小的团体治疗室里，等待着对我的第一次心理评估会议，接下来还会有几次。我沉浸在咖啡中，它会让我放松，但我的手心出汗了。

我在数着秒数等她来，对于这个来给我做评估的心理医生，我想象得清晰无比。高个子，素颜，鬈发，没有毛躁，不会用发夹别住头发，也不会挽成蓬松的发髻。她会戴一副稍大一点儿的镶边眼镜，当她说话的时候，会让人担心眼镜滑下鼻梁。她会穿一件长袖高领毛衣，但是太短了，刚刚到裙子上方，一条看起来就像窗帘的百褶裙。脚上穿着 1992 年的大号白色锐步运动鞋。

她不喜欢我，但她会认为我的工作很出色。她不会容忍我诙谐的戏谑。她不会觉得我风趣。

当我正在思考，在我脑海中塑造出来的这个女人面前，我该如何表现时，门开了，一个男人走了进来。

我松了口气，因为我和男人相处的时候比和女人相处要舒服得多，而且他看起来还年轻，比我年轻一点点儿，大约 35 岁的样子。凌乱的头发有点儿可爱。他似乎是找了好久才找到治疗室，所以有点儿晚了。他砰地坐了下来，放下帆布邮差包。

“你好，是萨曼塔吧？我是 Dr. 特拉维斯·杨。”

“你好，特拉维斯。可以叫我萨姆。”我应该称呼他 Dr. 杨，但我不。

“萨姆，嗯，好。”他在包里摸索了半天，我意识到，如果在其他情况下遇到他，我现在就是在跟他调情。“那么，我想你知道我们在这里是要做什么吧？”

“是的，先生。享受一连串的心理评估的无限乐趣的时刻！”

“哈哈哈哈，嗯，差不多。纽约州心理健康办公室要求所有诊所和机构的员工，比如你们这儿，都要有外部的定期评估，以确保大家有资格胜任治疗精神疾病人群。”看起来这事儿他已经说过很多次了，他自己都觉得无聊。

“那就会出现一个问题，特拉维斯，按照法律规定，不能因为一个人有心理障碍而解雇他，如果我们当中有这样的情况呢？这不是如果你发现我是精神病就可以炒了我的问题。”我不是在调情，但又是在调情。

“嗯，严格来说是对的，但如果员工被认为对自己或他人有危险，他们的主管会审查评估，通常会建议将员工转岗到一个不涉及病人、不接触或获取机密信息的职位。”

“哦，所以只是一个变相的降级。”我微笑着说这句话，想让他对我有个好印象。

特拉维斯从贝克抑郁自评量表开始，这是一个用来确定我是否抑郁的简短评估工具。如果这是我第一次填写这张表，我想，会和现在完全不一样。我做这个测试，估计都有一百次了，正式或者非正式的情况下。

恐怕我们对这些评估中的任何一个问题，都不可能完全诚实或真实地来回答。我们太清楚如何**正确**表达我们的感受了。我看了测试表中的每一项，知道测试是如何设计的，如何得分，为什么问题是这样设置的，为什么有很多类似的问题，什么样的回答会产生什么样的结果。尽管测试表的结构设置是为了防止我们这种操作，但我还是不由自主地根据我知道的内容来确定我的回答。比如，回答什么会看起来很沮丧，什么让自己看起来非常快乐。

我用刚削过的 2B 铅笔在纸上写着答案。特拉维斯时不时地瞥我一眼，就像考场的监考人一样，但大部分时候他都是在整理他面前的文件。

我把填好的测试表放到他的办公桌上，满怀希望地期待接下来的评估。

“啊，已经完成了啊。是这样，出于时间的考虑，我把一些较短的评估测试放在前面，这样就有时间在你进行下一项测试的时候，给你之前的测试打分。这样可以吗？”他从一堆文件中翻出一张纸，递给我，是一份稍长一点儿的人格障碍筛查测试。

“没问题。您说怎么做我就怎么做。我会是一个非常配合的病人。”我可爱的微笑和随和的态度——在 Dr. 特拉维斯 · 杨身上丝毫不起作用。

我讨厌这项测试。我们这里不太用它。我讨厌它，因为每一项听起来太熟悉了，就像某个混蛋专门为我设计的，让我觉得自己受到了冒犯和挑衅。比如“有时我感到沮丧”这样混蛋的语句，我该怎么选——否？废话，我从未感到沮丧过，尤其是**现在**，在我正在做这个测试的时候？怎么可能！

我用铅笔艰难地在答题纸上的小 T 或小 F 上画圈。

我把测试交给特拉维斯，避过了能显示我之前做过的细节。他默默地递给我接下来的测试。我坐在桌子旁，椅子的后腿不稳。我来回晃动，试了一下不稳定的程度，然后决定放弃这把椅子，再找一个。

我站在一排椅子前，用力压椅背，摇晃，看它们是否松动了。结果所有的椅子都很烂。最后一排的貌似最结实，我拉过一把到桌子这边。坐下来重新开始测试时，我看到特拉维斯在看着我。

我在填写加州心理调查表，这个是真的惹恼了我，因为这份测试不应该被用来评估任何经验丰富的专业人士。

我艰难地跋涉在这些用于发现我内心深处真实想法的“是—否”题中。这份测试比之前的要长，应该会把剩下的时间都占完。

我期待着做完时能恰好赶上特拉维斯对前面两份测试打完分。他的脸上没有流露出他的任何想法。我试着集中精力快速完成这件事，所以他没有时间给我留下不好的印象。

我拿着完成的测试问卷站在他面前，我看到他面前放着所有的评分表，以加快进程。

“完成了？”

“是的。”我再次微笑，再给他一个注意我的机会。

“我们还有一次面谈安排在今天下午晚些时候，”特拉维斯说，“中间这段时间我会来仔细看你的测试，然后我们再讨论，可以吗？”

“没问题。”我没想到两个小时已经到了，“那么，下午见。”

一结束，我就回到办公室，试图让自己平静下来。这么多年来，我给很多病人做过这些测试，做过很多次，但每次我自己做的时候，都感觉像被暴露了，暴露在大雨中，赤身裸体。这些问题都是为了确保病人不撒谎，有各种各样的机制来解决前后矛盾的地方。但现在我们用这些对付自己人，感觉很糟糕。

“大卫。”我不是要他隔着墙听我说话，我需要他来我这边。

“什么事？”不是尖叫的回复。

“你能过来一下吗？”我不能让他因为星期四在尼克酒吧的事儿感到失望，我得努力把他争取回来。

他没有回应，但随后就推门进来了，仍然喝着他早上的咖啡：“怎么了？”

“呃，我刚刚完成调查的第一部分。那个心理学家很性感，但仍然感觉像是来凿我们的灵魂来了。”

“多令人愉快啊，萨姆。我很兴奋，明天我的灵魂就要被凿出来了。”大卫不介意宠溺我，因为他知道我正暴躁着呢。

“简直是个噩梦。我们去喝一杯，尽快喝掉这个恶心的感觉吧。”

“你下午不是还有一次会谈吗？”

“是的，但是我等不及要结束这一切了。”我坐立不安，想找点儿吃的。

“我得去团体治疗了。我们午饭吃什么？”大卫要走了。

“不知道。你给我带了什么？”他没理我，笑着关上了门。我不知道他是觉得我的魅力无法抵挡，还是想把我扔出窗外。

12月5日　下午2：49

我走到员工的洗手间，门上又被贴了外卖宣传单。我拿出钥匙打开了门。我不能去平常的洗手间整理妆容，冒着让病人看到我把自己打扮成一个真正的人的风险。

我把门锁上了。站在镜子前仔细检查着牙齿，是否残留着面包圈上的罂粟籽。看起来相当不错。我很高兴。没有用可怕的化妆来掩饰的，让我看起来有一百万年历史的战争创伤。没有因为歇斯底里或醉酒引起的红肿的眼睛。这个周末为评估做的准备确实有不错的效果。

我查看了一下厕所隔间，有没有明显的堵塞或损坏。对我来说，这事很简单，所以查看完我放心去方便了。但用完我不冲水，怕水会堵塞溢出。

然后我去了员工休息室，把热气腾腾的新鲜咖啡倒进不知道是谁的马克杯里，加了两小杯鲜奶油。不知道为什么这种奶油不会变质，而其他的乳制品都需要冷藏。

我走回评估室，特拉维斯已经完成了今天上午的三项评估打分，准备进入下一阶段的测试。我看到在桌子的一角，一个太空杯从他的包里露出来，里面装满了不透明的某种东西。

“你好，萨曼塔。准备好了吗？”

“是的。谢谢。”

“很好。我们先从一些面谈的问题开始吧。”

我坐回了我觉得稳固的那把椅子上，握紧了咖啡杯。然后端起，轻轻地吹了一下。特拉维斯开始询问我的成长经历。他坐在那，一条腿紧紧地交叠在另一条腿上，厚袜子从卡其色的灯芯绒裤子下面露出来。

“我在城外长大。这里以北车程一小时多一点儿的小镇。从幼儿园到 12 年级上的私立学校。和我妈妈一起生活，没有兄弟姐妹。”

“你父亲呢？”

“没有见过。”我吹了一下咖啡，“对他知道得不多。”

“你父母结婚了吗？”他在问这个问题的时候没有看着我。

“没有。我说了，我真的不太了解他。我小时候，我妈给我讲过一些他们的故事，但是故事很矛盾，我不知道什么是真的。”

特拉维斯在黄色的簿上记下了一些笔记，我想知道他已经知道了多少。

“继续。”

“呃，好，我去了瓦萨学院，然后——”

“嗯，我这里有你的简历。我是说继续说你的成长，讲讲更多关于你妈妈的事。”

“哦，她死的时候我正在瓦萨学院。”

“很抱歉。”标准的回避反应。**你并不是感到抱歉，特拉维斯。这正是你想听到的。**

“所以，我想我现在是个孤儿了。我不知道我的父亲是谁，20 岁时母亲就去世了，这就是我的经历。”

“她是怎么死的？”

“动脉瘤。”我母亲因动脉瘤破裂而死于脑出血，我讨厌谈论这个，甚至连这些词都让我感到恶心。她独自住在纽堡的房子里，她的父母在他们死后把房子留给了她。我所看到的她，活得似乎很开心。她和邻居们是好朋友，分享园艺的小窍门，给对方带一篮子莳萝和芦笋，她和他们一起安然地住在郊区。

每次放假从学校回到家，我就会看到她，但我无法忍受跟她住在一起。一两个晚上后，我的焦虑就会直线上升，所以我要么回学校，要么坐车进城，和朋友们待在一起。

她跟我说，当我离开她去学校的时候——走出她的房子，留她独自一人的时候——我在慢慢地杀死她。在我的整个人生中，她一直在迷惑我。从来没有其他的参考，让我意识到她与人相处的方式是危险和不稳定的。我以为每个孩子的成长过程都在想，每天是会和天使一起醒来，还是和魔鬼一起醒来。然而事实证明并非如此。

“你一定很难受。”

“是啊，很难受。事情发生的时候我不在。医生告诉我，已经尽力了，出血的速度让她的生命快速地耗尽了，你不能带着这些继续生活。简直是一场噩梦，后续也不容易。”

“不容易是什么意思？”哎，天哪，之前他进门的时候我就喜欢这个家伙。现在他是我所见过最像精神病漫画人物的一个，穿着一件粗花呢运动夹克，上面有绒面革肘部补丁，然后抽着烟斗的形象。

“一个烂摊子的意思。我妈妈已经很久没有工作了，尽管她给我和其他人留下了深刻的印象——她在经济上非常宽裕，但实际上她负债累累。我不得不卖掉房子——迅速地，远远低于市价——只为了支付所有的费用，给她一个体面的葬礼。而且我只能把她火化，因为不够钱买墓地。

“她没有留下临终遗言，没有遗嘱。所以纽约州把她所有的东西都给了我，然而并没有什么用。钱都是贱卖房子得到的。对一个不知道未来该如何的 20 岁的孩子来说，不容易啊。”

“你跟她的关系一直很粗暴？”

“特拉维斯，你只是给精神病院的全体员工做心理评估，把结果给到 OMH，看员工结构是否需要重组。在我还是个孩子的时候，我跟我妈妈的关系，你所发现的有趣的细节，跟你的评估有关吗？”**混蛋。打听别人隐私。**

“你是这儿的两名心理专家之一，显然你很熟悉你之前完成的评估工具。我只是想弄清楚为什么你在轴 2①，B 类②都得了很高的分数。”

“什么？”我坐直了身子，“人格障碍？”

“是的。在所有的测试基础上得出的。”

---

① 美国精神病学会发布的《精神疾病诊断与统计手册》第四版中，指出精神病学的诊断系统共有五个轴。常见的第二轴违常包括边缘型人格异常、分裂型人格异常、反社会型人格异常、自恋型人格异常，以及心智迟缓智能障碍。

② B 类群人格障碍特点：表演性、情绪性或不稳定性，包括反社会性、边缘性、表演性和自恋性人格障碍，爱幻想、做白日梦是一种逃避现实、自我创造内部世界的应对方式。

12月6日　上午11：13

理查德把帽子放在报纸上，就像每一个徒劳的星期二一样，他的注意力转到了他今天决定读的报纸上。我的挫败感已经很强了，容忍度也低于平常。因为我刚刚被告知，我在人格障碍方面得分很高，这是绝对不可能的。那些表格一定有问题，OMH 的那些人扰乱了我的生活，我甚至不能让一个病人来回应我。

虽然他也说了很多，但还是没能让我弄明白，他为什么会进监狱。我只是想做我的工作，进入这个庞大的、不可知的人的内心。我的桌子上放着他那几乎不存在的档案，电脑屏幕上是打开的空白文件，他与我合作的可能性极小。每过一周，我就越觉得自己没用。

“理查德。”我用教练和明星球员说话的语气跟他说，“我们来继续你的档案怎么样？”铅笔上的橡皮头轻敲桌子上的纸。

“我在这里已经有一段时间了。你没有从我这里得到你需要的所有信息吗？”他皱眉。

“事实上，没有。你还没有回答我问你的任何问题，我也还不清楚你的治疗目标。”

“我的治疗目标和其他人的一样。”他继续看报纸，沮丧地叹了口气。

“其他人的目标是什么？其他人想从治疗中得到什么？”我用铅笔写下他回应的任何东西。

“离开这里。”更没什么用的回答。

“好吧，如果你想离开这里，最快的方法就是帮我弄明白是什么让你来到这儿。”我满怀希望地用铅笔戳着纸。

“你难道不能弄清楚吗？你不是这里最好的医生之一吗？我总是听其他病人喋喋不休地唠叨着你如何的好，‘萨姆这样，萨姆那样’，你难道不应该有洞察力来弄清楚我在这里做什么吗？你是专业人士，不是我。”

“我不是通灵者，也不会读心术。我是一个心理学家。我又不能用X光透视你的颅骨。你得帮我解决这些问题。”

“哦，我还以为你是最好的呢。我以为至少你能帮我。”

在继昨天特拉维斯的指控之后，现在理查德的言辞让人感到刻薄和尖锐，我想用铅笔戳他的眼睛。

12月7日　上午7：22

我在卢卡斯的公寓的浴室的镜子里盯着自己的脸。他家的灯被调暗了，使我更容易看清自己，尤其是在早上的这个时候。我以前从来没有注意到自己已经有抬头纹了，而且我自以为整齐好看的牙齿，似乎是歪的。卢卡斯留在我身上的痕迹通常都被我浓密的头发遮住了，或者是在我的肋骨和臀部，被衣服遮住了。这个早上，我看到了在我的右太阳穴上的瘀青。另一侧有一个相称的瘀伤，不过它在头上，如果我把头发向后拢，就不会被发现。

我有一个用来遮盖伤痕的化妆盒。泰弗洛斯有个病人在电影片场工作过。她神魂颠倒地爱上了那部电影的男主角，结果他解雇了她。这是触发她跳桥自杀的导火索。在康复中心四个月后，她来到了泰弗洛斯，重新学习走路和说话。她教我化妆的事，我看着她用化妆来掩饰自己的伤疤。我有三种不同的颜色——一种冬天用的亮色的，两种深色的在我化晒黑妆的时候用的。通常我把它们混合在一起，在掌心调一个恰到好处的颜色。

我把灯调亮，为了能看清细微的地方然后掩盖住。我的太阳穴边有一些细碎的金色头发，我必须小心翼翼地避免沾上化妆品，因为没有比自然的略显蓬松的几缕头发更适合遮挡了。我真不敢相信我又来了，又一次经历了这件例行公事。如果我能强大起来，就不会发生这样的事。他很关心我，他只是不善于控制自己的情绪。这不是他的错。当我重复这些谎言的时候，我把眼药水滴进眼睛里，擦掉痕迹，把指甲里的污垢擦掉。

卢卡斯还在睡觉，我穿好上班的衣服，准备出门。我看到他的咖啡机在桌子上。我知道他设置为上班前咖啡自动煮好，所以我在出门的时候，把插头从墙上拔了出来。

12月7日　中午12：27

我又来到了之前和特拉维斯做评估的治疗室，等着新的精神病医生的到来。我对第二波测试没有同样的防御反应。相反，我筋疲力尽，非常想离开，回到我温暖的客厅里抽半包烟。当我的眼皮开始变得沉重时，著名的精神病学家 Dr. 布鲁克斯走了进来。

她是女性，除此之外，她与我周一想象的那个女人毫无相似之处。Dr. 简・布鲁克斯就像一个四年级的学生一样小。比起特拉维斯，她更快地进入状态，完全跳过了所有的废话寒暄。我比她大得多，以至于我觉得我应该回答她问的隐私问题，很可笑的想法。

Dr. 布鲁克斯显然正在读特拉维斯周一从我这里得到的信息。我不知道她是否已经决定我可以确诊了，性格紊乱，我是不是注定没有希望了。她不停地用尖尖的声音来清理喉咙。她张开嘴，好像要开始说话，然后又砰的一声关上，把文件靠近她的脸，以便更清楚地查看。她似乎既困惑又兴致勃勃，好像试图破译特拉维斯的笔记是一项详尽而有趣的任务。我相信 Dr. 布鲁克斯一定会发现，我没有像特拉维斯认为的那些人格障碍。

“所以，”她终于开口了，“你这周已经做了一些测试。怎么样？”

“还好。”

“好，很好。好吧。嗯，通常是 Dr. 杨负责管理和评估各种测试，然后我接着第二轮，更多的是做一些面谈和讨论。”

“是。特拉维斯在周一做了一点儿面谈。”

“是啊——”对于我叫他特拉维斯，她不知道该如何反应，“那么，现在我们继续面谈。我一直在看他的笔记，所以如果你觉得不相关，就不需要谈同样的话题。”

“你觉得我母亲的死跟这些有关吗？”在这之前，我应该抽一包烟。

“如果你不愿意讨论的话，那就不谈这个了。事实上，我更倾向于采用结构化的方式来跟你面谈。你介意我来引导吗？如果你同意的话，我们可以在中途休息 10 分钟。”

“没问题，Dr. 布鲁克斯。”我坐在一把有桌子的椅子上。我在桌上放了咖啡和一瓶水，还有几支笔，从我的头发里抽出来的，还有我每天的日程安排。我的腿笔直地伸在我面前，交叉着脚踝。双手在脑后交握在一起。这个姿势很伤背，但我想确保自己看起来是懒散和冷静的。我不能被这些面谈打标签。我不能被归类。

“Dr. 杨记录你在单亲家庭长大，你的母亲在你上大学时就去世了。是吧？”

“是的。”

“你曾经接受过任何形式的咨询或治疗吗？”她在黄色的簿上转着一只很粗的钢笔，准备记录下从我口中吐出的宝贵信息。

“我在读研究生时，被要求做两年的咨询。每个申请读博的人都必须这样。我相信你知道。”

“我是精神病医生，Dr. 詹姆斯。在医学院没有这方面的要求。不过我确实知道心理学博士课程的实践要求。你有过其他的治疗或咨询吗？”她已经很沮丧了，我也希望自己能上心一点儿。

“在我上九年级时，学校的心理辅导老师推荐我去见学校外的咨询师，因为我是学校里唯一一个单亲家庭的孩子。我母亲同意了，把我送到了当地的心理医生那里。我不太记得去了多久——不长，也许几个月吧。”

“你还记得你们讨论过的事情吗？”

“是的，记得。我记得不管我带着什么样的目的去，谈论什么样的话题，他总是会将谈话引导回我的父亲身上。他认为，我生活中所有问题的根源都是因为缺少了父亲的角色。所以，他经常告诉我，我需要一个父亲。但是，很显然，我没有父亲。他提出了一个无法实现的解决方案，而当我意识到我比他更明智的时候，我冲出去了。”

“你冲出去了？”

“我试着冲出去。我冲进了洗手间，因为洗手间的门就在出口标志旁边。所以，我不得不重新冲回来，然后再好好地冲出去。我把外套也落下了。总之，不是一个执行得很好的行动。”

“20 年前的事儿，细节你还记得那么清楚。”

“23 年前。”别惹我，“他是我成为心理学家的原因之一。”

“那个心理医生？为什么？”

“我觉得这个领域需要有能力、有共情的人。”

“而你具备这些？”

“是的，Dr. 布鲁克斯。”

“接下来发生了什么？”她并不觉得有趣。

“我离开他的办公室后？他去找我母亲，想让我回去继续做心理咨询。”

“你做了吗？”

“我没有，但她做了。”

“你母亲？”

“是的。我母亲去了。她接替了我，和我的咨询师对话，并提出了她认为我所遇到的问题。她干净利落地把她自己和她的行为从我的问题中摘出来，把责任牢牢地推在了我神秘的父亲身上，因为他不能为自己辩护，因为他只是一个存在于她扭曲的记忆中的人。”我倚在那张脆弱的桌子上，对 Dr. 布鲁克斯咆哮着，“这就是你想听到的吗？”

“这就是你想告诉我的吗？”我恨精神病医生。

在会议结束的时候，我为她打开了一扇门，俯视的姿态，我特别想把她手里的纸都拍掉，这样我所有的回答就混乱了。

绝望会让你做一些有趣的事情。

12月8日　下午4：17

我的手机振动了，当我看到是AJ的短信时，我的手心就像十几岁的少年一样出汗。他说想你，然后是一串暗示性的表情符号。他做的每一件事都满是性暗示的意味，而且每次我都能看明白。我并不后悔，我们几乎只在表情符号和体液交换中进行交流。就在我开始走神的时候，有人敲了我的门。

“萨——姆——，今天是很重要的一天，我需要跟——你——谈——谈。”艾迪推开我的门，摇晃着站在门口。

“好吧，艾迪。”我把手机塞进抽屉里，把幻想从脑海中抖搂出来。“待会我还有重要的事情要做。进来吧，我们聊15分钟？如何？”我拒绝他拒绝得太频繁了，我欠他一次倾听。

“好——的——，萨——姆——。谢——谢——你。”

艾迪走进办公室，坐在病人椅上。他把脏兮兮的卡车帽从油腻腻的头发上摘下来，放在他弯曲的膝盖上，然后把两边的头发抚平，似乎是想让自己看起来体面些。一旦他得到了他想要的一些时间和注意力，他声音里的绝望开始消退，说话的单词也很少断开。

“为什么今天是很重要的一天，艾迪？”

“周——年——纪——念——日。”

“哦？什么的周年纪念？”我喝了一口咖啡。

“我和女朋友十周年纪念日。”

“我不知道你有交往的女朋友。跟我说说她。”

“现在很难，很难，很难谈论她。”他摇摇头。

“那你跟她聊过了吗？”

“没有，我已经没法再跟她聊天了，因为她不在了。”

“对不起。我不知道她去世了。”

艾迪在椅子上扭动，把帽子放到他身后的窗台上。在他开始讲他的故事之前，他把身体向我的方向挪了挪。

“她，她，她有抑郁症，很长一段时间，有时好几天，甚至好几周，她根本不下床，她就躺在那儿，甚至不看书，我也帮不了她。她会翻旧照片，从她小时候到大。她有一小，小，小摞摞老照片，她会躺在我们的床上，看这些旧照，照，照片，床边只有一盏小台灯，她在灯罩上放了一条围，围，围巾，房间里的光就变成了橘黄色，她就这样看着那些旧照，照，照片。”

他再次扭动，尽可能地把他的屁股塞回椅子上。他倾身向前，双肘撑在膝盖上，低下头，再次抚平他的头发。

“我当时在工作，每天上班的时间很长，她一直独自在家。我们没有大房子，只是住在纽约东部的一间小公寓里，除了必须上厕所之外，她几乎不下床。而且她不吃东西，越来越瘦。可是我不能不工作。我在 MTA 上班，手机在地下没信号。她没有工作，一直待在家里。”

“这是多久之前的事？”我认识艾迪很长时间了，从没听过这个故事。

“在我来这里之前。我在这儿已经八年了。八年前，可能。或者更久。不记得了。但我来的时候你还没来。你六年前来的这里。”

“是的呢。你是最先来的，你总是让我觉得我很受欢迎。”艾迪为自己在泰弗洛斯待得久而感到自豪。

“萨——姆，我也很高兴你能来这里。但是在MTA，必须在地下工作，手机又没有信号，老板都是用对讲机跟我说话，可是我的女朋友没法跟我用对讲机说话，所，所，所，所以她很孤独。”

“你的女朋友叫什么名字？”

“艾莉森，艾莉森，森，森，艾莉森，森，森和艾迪。”他用单调的声音念着她的名字。

“一个好名字。”

“是的。她也是个好女孩，但是她太抑郁了。她会一直睡。当我回到家时，我会试着和她说话，但她不想说话，因为她太累了。我觉得她很累，很虚弱，因为她吃得不够，没有呼吸新鲜空气。我会给她做晚餐，但是我把晚餐拿给她时，她已经睡着了。”

“你都会做些什么？”有时候问一些详细的问题，可以让病人更好地调出他们的记忆。

“汤。用一个小电磁炉做点汤。我们没有真正的厨房，只有一个带迷你冰箱和电磁炉的门厅，还有一些装勺子和碗的小橱柜。我们也有个小水池。但是她没有喝汤。所以都是我喝了。

“但后来有段时间，情况开始好转。她有个医生，她有时会在电话里跟他沟通，然后他开好药后，把药放到药房。我在回家的路上去取。我在服务台问他们给艾莉森·斯威夫特开的药，他们就会把药给我，因为有医疗补助，所以只需要10美元。

“她开始吃药后，就不再看那些照片了。有时候，我给她端汤时，她会醒过来。有时候我们只是说说话，但有时候我们除了说话，她也会喝汤。”

“你们都会聊些什么呢？”我对艾迪的故事很感兴趣。我厌倦为别人的病人拿出时间来，所以有时候我对他很懊恼，但他又是我的软肋。我见他，我想在这里陪他。

“当她开始吃药和喝汤之后，我们就开始谈论结婚，因为她认为如果有一天我们能结婚，她会更好。所以，每天我下班的时候，都觉得她正变得越来越好，我也不总是直接回家。有时候，我会去商店看要给她买的戒指。订婚戒指。有大的镶钻石的金戒指，有镶着很多小钻石的银戒指，但是都很贵，所以我只是看看。”

我心不在焉地摆弄着我的左手无名指。

“每当我们谈论结婚的时候，她似，似，似乎变得更好了，所以我知道我必须去给她买那枚戒，戒，戒指。我要攒钱，想在MTA更努力地工作，但很辛苦。艾莉森，森，森一直待在家里，她不能工作，我必须付所有的账单，很难维持生活。她有点儿残疾，但并不严重，我们要吃饭，我们不能靠喝汤过活，所以很难攒钱买戒指。可是我跟她说我一定会给她买一个。”

艾迪转过身把帽子从窗台上拿下来。他把头发抚平，把帽子戴回头上。他站起来，提了提裤子，然后又坐回去。

“有一天，我终于买了一个。275 美元。而且可能太大了，但店里的那个人说，如，如，如，如果太大的话，他可以调整。是一个金戒指，中间有一颗钻石，是一个大的冰激凌蛋筒的形状。很，很，很，很亮，售货员把它放在一个深蓝色的盒子里，盒盖上的银制品刻着‘属于托尼’，盒子软软的、毛茸茸的。我把它带回家，藏在了厨房里的一个柜子里，这样她就找不到它。我知道，当我把它给她的时候，一切都会好起来的，但是因为我们两周年纪念日即将到来，我想在那个特别的日子里把它送给她。

“我们不再聊结婚的事儿，因为我害怕我会过于激动，泄露买戒指的秘密。但后来她又开始抑郁了。她又把围巾放回到灯上，把照片拿出来。她不再喝我煮的汤了。但我知道，当我把戒指送给她时，她会好起来的，而且离我们结婚纪念日只有几天的时间了，我要在这个特别的日子送给她。

“在我们结婚纪念日那天，我不得不像往常一样去上班，但我不想去，因为我知道她会很开心。我记得吃午饭的时候，老板告诉我，我的手机在办公室里响了，我在工作中不允许打私人电话。我说一定是紧急情况，他说如果是紧急情况，他们就会给办公室电话，我想他说得也对。当一天结束的时候，我想赶回家给她一个惊喜。我很兴奋。她马上就会好起来的。”

他有些不安。我把手放在他的膝盖上，稳住他，轻轻地点了点头。

“我回到家，把戒指从柜子里拿出来，我擦了戒指，确保它看起来还是闪闪发光。我走到卧室，门关着。她从来不关门。但是那天门是关着的，然后我打开门，走进了房间。她像往常一样躺在床上，我去叫醒她。可是她却没有动。她没有动。然后我看见桌上台灯旁边的药瓶，它们都空了。还有一个小烧瓶，也是空的。我把戒指放在瓶子旁边，我摸了一下她脖子上的脉搏，看看她的心脏是否在跳动，但我什么也没有感觉到。”

艾迪低下头，泪水静静地从他的眼睛里滑落到他脏脏的运动鞋上。他抓着袖子的边缘，拉到手腕上。

我觉得奇怪的是，他没有提到女朋友的身体冰冷时不安的感觉。每隔一段时间，我就会听到一个关于与死人互动的故事，人们总是会说他们的爱人是多么冰冷，多么可怕。但是艾迪都没有提艾莉森的身体很冰冷。

故事讲完后，他把手伸进口袋，要给我看她的照片。他用湿润的、有说服力的眼睛望着我，递给我一张破旧、皱巴巴的海报，是瑞茜·威瑟斯彭，头发是《与歌同行》里的棕褐色。

12月8日　晚上11：28

高跟儿鞋太高了，走路很费劲，我就像只迅猛龙一样，弯着腿，踩着小步子。卢卡斯走得太快了，而且他拒绝放慢脚步。是他给我买了这双鞋，坚持要我今晚穿。他大步沿着凹凸不平的人行道向他的公寓走去，我抓住他的胳膊，试图跟上他的步伐。

晚餐很尴尬。卢卡斯很少带我去他同事的聚会，我也不知道他给这些人看了多少表面热闹的表演。他会把一只手放在我的大腿或者手下面，他需要我笑的时候，或者他说谎时，就会紧紧地捏我一下。当我用尖叫的笑代替大笑作结束时，我能看到丝袜下大腿上的指痕。

“我觉得今晚还挺好的，你觉得呢？”我跌跌撞撞地跟在他后面说，避免在我说话的时候冷空气进到嘴里。

“我不觉得。”他把胳膊从我手中拽了出来，在我们快到门口时突然加快脚步。旋转门足够容纳我们两个，但他先进去了，让我独自推着沉重的门。当我匆匆经过门卫时，我有点儿紧张和尴尬，他跟我打招呼，给了我一个温暖的微笑。上气不接下气，我终于在电梯间追上了卢卡斯，电梯门马上要关了，我挥舞着手提包，拦住了电梯，门开了，我进去了。卢卡斯不理我，一遍又一遍地摁着按钮，直到门在我身后关上。我靠着栏杆站起来，脱下鞋子，把酸痛的脚解放出来。我来回地跳着，想让冰冷的双腿恢复知觉。

“把鞋穿上，萨姆。我们还在公共场合，自重一下。”他没有看我的脸，只是睁大眼睛瞪着我的手，瞪着那双鞋，直到我抬起疼痛的脚把鞋子穿回去。电梯到时，他从我身边走过，大步穿过走廊来到他的门前。如果不是他需要把钥匙插进锁里打开门，我的跛行不会让我跟在他后面及时溜进去。

他解下领带，踱来踱去。我清楚地知道将要发生什么，我脱下鞋子和丝袜，以便能更牢地站稳。我听见他在壁橱和厨房间穿梭，喃喃自语，扯下衣服，把冰块扔进玻璃杯里。小牛跑到离浴室最远的角落，躲在一个大型盆栽旁。它也清楚地知道即将发生的事情。

我的脑子里充满了让卢卡斯冷静下来的话，当我试着想要说时，他走到我身边，抓住我的腰。我知道他无意伤害我，我知道，如果我能更好地理解他希望我做到的那些细微之处，我就不会把他惹毛了。他把我扔到了浴室的地板上。我的皮裙刮到了瓷砖地板，我听到拉链边上的布料撕裂的声音。我推着卢卡斯，把自己推到马桶和墙之间，在这里他几乎抓不到我。他把酒从右手移到左手，然后一个巴掌打到我的头部。我的耳朵在轰鸣振动，我用胳膊抱住头。我挤进更远的角落，把厕纸撞掉了。我的耳朵上又多了三个耳光，我使劲地推着支架，闪闪发亮的铬合金划着锁骨。当我听到打火机的声音，闻到第一缕烟的味道时，我握紧拳头，眼睛紧紧地闭着。结束了。

小牛从它的藏身之处跑出来，跳到我的膝盖上。我坐到地上，腿伸直，它焦虑地舔着我的脸和脖子。卢卡斯走过浴室的门时，我抱着小牛，我知道他不会伤害他的狗。他把冰袋扔到我的脚边，站在门口，看着我从角落里挪出来，把冰袋放到太阳穴上。我放下马桶座圈，坐到上面，小牛还在我的怀里。卢卡斯坐到我面前，背靠着墙。酒在旁边的地板上洇了水气。他用左手揉我的小腿，右手拿着烟。一半的我想知道，我是否应该时不时地挨揍。另一半的我想知道，我是否值得拥有这个男朋友，给我买莫罗・伯拉尼克的鞋子，带我去吃四季酒店的男朋友。

12月9日 中午12：14

与特拉维斯和Dr. 布鲁克斯的面谈让我的思绪回到了成长的路上。我想知道我的记忆中，有多少是被我的教育和经历所改变的，有多少是真实发生的。

我坐在这里，对自己说，我知道我妈妈一直在做什么。我知道她对自己的病也无能为力。我是坚韧且坚强的，反抗了她试图控制和毁灭我的意图。我想象着，透过我成长的房子，透过那扇窗户往里看，看着我童年的情景，用我现在对她的混乱的理解，把所有的东西都涂上颜色。我为自己画了一幅更快乐的画，因为我不能再背负这个包袱了。

我带着这些厚重的、有形的记忆，走进团体治疗室，看到一双双期待的眼睛望着我。

“大家好。”我扫视了一圈周围的面孔，有些人很眼生，“我看到你们当中有一些是新人。都介绍一下自己好吗？我先开始。我是Dr. 萨姆·詹姆斯，你们可以叫我萨姆，我是一名心理学家。露西，下一个你来？”露西坐在椅子边上，短裙裙边向上翻着，裸露的大腿与光滑的蓝色塑料座椅齐平。她把头歪向一边，开始自我介绍。

“我叫露西。我是一个病人。在这里有一段时间了。我喜欢萨姆小姐的团体，因为没有人会因为讲真话而惹上麻烦。”她给了我一个大大的、傻乎乎的笑，我看到了她后牙槽间绿色的口香糖。

我们在房间里继续做着简短的介绍，很少有像露西那样丰富多彩、生动活泼的介绍，通常只是一个脱口而出的名字。后来我知道了，因为他们是新来的，没有地方可去，室友和新交的朋友让他们来我的团体。

“今天讨论的是关于家庭。最近我一直在考虑家庭的问题，这是我们是谁的重要部分。在我们出生之前，在我们的一生中，家庭对我们有着巨大的影响。有没有人想谈谈你们的家庭是什么样的？”

我有时会担心，在做这些团体讨论时，就像在打开一个潘多拉的盒子，而那些出现的故事可能会让我太痛苦。我说服自己这是为了更大的好处，释放的创伤总比留下的创伤好，所以我必须坚持下去。“有人吗？”病人们在座位上晃来晃去，四处环顾。

“我肯定是唯一一个有这样故事的人，但我其实是在一个真正幸福的家庭长大。我们家养了一只狗，我也养了一只乌龟。我们有一个漂亮的小房子，我父母都有工作。邻居们相处和睦。”这是一个新病人，名字我忘了。他的头是我见过最皮包骨的，耳朵宽阔得像一辆车敞着门。

“我妈妈是个很棒的厨师，”他继续说，“她总是在周末做玉米面包，而我和妹妹会为谁拿到最后一块面包而争吵。但我奶奶总是偷偷溜进去，在我们吵架的时候把它塞进嘴里。她也和我们住在一起。在我妈妈和爸爸白天去上班的时候，我奶奶会照顾我们。这是一段美好的成长时光。”

“谢谢你的分享。听起来你是在一个积极的环境中长大的。我想听听其他人，可能也有和——类似的经历——对不起，你的名字？”

“保罗。”

“谢谢。还有人跟保罗有过类似的经历吗？”我满怀希望地扫视了一下房间，没料到会有很多人举手。

“我的童年也很美好。”这是琼，“我们没什么钱，我爸爸做了很多份工作。但是每个人都很好，很平静，我们家也从来没有什么戏剧性的事。”琼患有精神分裂症。20世纪90年代中期，她第一次服用抗精神病药物，导致她患上了迟发性运动障碍。这是一种可怕的药物副作用，让她的手永久性地变成利爪，下巴和舌头松弛，无法自如地伸舌、转舌、咀嚼。而且她的四肢会不由自主地抽动，脖子向左边弯，所以她的肩膀总是在她耳边。

她穿着超大号的男式衬衫，可以掩饰也方便她扭曲身体。我无法想象自己会选择吃药还是不吃，选择身体健康还是精神健康。琼来这里的时间几乎和我一样长，我从来没有听到她说过什么抱怨的话。

“我们总是在谈论人们有多艰难，在街上长大，没有亲人，没有钱，不得不从事卖淫和毒品交易，但在我的生活中却没有这样的感觉。”这是苏珊。她坐在塔莎万卓雅旁边，她知道自己的言语描述的是塔莎万卓雅的成长经历。苏珊把一只手放在她朋友的膝盖上，似乎在告诉她，她不是在诋毁她。有些病人缩回座位，陷入了自己的回忆。

“我们来自四面八方。”斯蒂芬说，“你永远不可能真正知道谁会被精神疾病所侵染，谁不会。我的家里有。我们被它弄得千疮百孔。我父亲是个酒鬼。我母亲有躁郁症。家里总是充满愤怒和沮丧。失望，有人总是让别人失望。在这样的环境中成长，你无法让自己毫发无损地离开，无法从肮脏的房子里出来，变得干净。

“我和哥哥最后都跟他们一样。他们也跟他们的父母一样。他们说毒瘾是一种家族疾病。精神疾病也是。除非你想办法阻止它或处理它，否则它会给你的家庭带来麻烦。”斯蒂芬举着双手用像投降的姿势讲述了他的故事。他摇了摇头，耸了耸肩，继续说着。

“我考上大学时，失声痛哭。我受过良好的教育，然而并不能阻止它，并不能阻止疾病的到来。你可以学到你想要的一切：找出躁狂症的含义，找出它来自哪里。你可以找到你想要的任何东西，但这并不意味着你可以阻止它。我打赌我和所有医生了解得一样多，但我还是不能解决它。”他以夸张的耸肩结束了他的论点，轻轻地将手臂交叠在胸前。其他病人睁大眼睛盯着他。我害怕他释放到房间里的那种强烈的认同感和事实。当 OMH 的结果出来后，死亡判决被分发出去，我就不能再淡出到背景中了。我觉得真相在我的喉咙里挣扎着，我必须喝口咖啡才能阻止窒息。

12月10日 晚上10：24

希德擦拭着我面前的吧台，我的杰克丹尼加可乐一直冒着水汽。他今晚话很少，很好，因为我不想说话。酒吧里放着圣诞音乐，花环上点缀着灯，到处都是节日的气氛。这让我感觉自己更渺小、更孤独。我需要酒吧的噪声来安慰我，所以在家里喝完一瓶红酒之后，我就穿上睡衣和运动鞋，来到尼克酒吧。我的朋友今晚都不在这儿。周末去酒吧的人似乎都是大学生和并不常去酒吧的，还有像我这样可悲、可怜的酒鬼。

“希德，给我一杯马天尼。”我饿了，但我没有精力穿过街道去买三明治或者比萨，所以只能拿鸡尾酒里的橄榄当临时晚餐了。希德把一个装满了绿球的岩石杯放到我面前，挨着另一杯酒。我伸手去拿一叠餐巾纸，从包里拿出一支笔。想得太多太快，我需要在纸上记下来，然后去理解到底发生了什么。我回想每周都在帮助的有毒瘾的群体，被药物滥用所影响的各个方面：工作、家庭生活、人际关系、自我保健、心理健康……我把所有的方方面面都想了一遍，然后写到了餐巾纸上。

我还是不能让那个病人真正地跟我谈话。我一直在对蕾切尔撒谎，说我们取得了进展，但事实上，理查德不会说一个有用的词。我觉得他坐在我的办公室时，他看着我，审查我，评判我，但不会让我走进他。对这类病人我一直都是最好的咨询师，蕾切尔指望我能找到一个后门，走进他的灵魂。我做不到。我从加里那里接过理查德，已经过去六周了，当初就像他一样自负，但现在我意识到我也不能让这个人说话。我不想被取代。如果蕾切尔把他重新分配给别人，她觉得更有能力的，我无法接受。我需要自己是一个有能力的人。我需要弄清楚是什么让这个人在泰弗洛斯接受治疗。

希德斜倚在吧台上，闪着黄黄的大板牙："再来一杯，还是别的？"

我低头看了一眼，杰克丹尼加可乐已经喝完了："嗯，你不会把杰克丹尼加到这些酒里，所以可能是一杯纯威士忌和一杯啤酒。"我冲他微笑，希望他不会以为我喝醉了。

"我亲爱的，这两个里面可是没有一点可乐的。尊美醇和米勒清啤？"

"你最了解我了。"我把注意力放回到我的清单上。

我的家庭生活和人际关系——我怎么能开始解决这些问题呢？家庭生活包括买酒、喝酒和回收瓶子。偶尔冲个澡，吃一包熟食或一个塑料外卖盒饭。加上每周的香烟和大量的镇痛神药，就是我的家庭生活。圣诞节我没有家人要送礼物，没有客人要招待，没有任何理由把自己打扮得光鲜亮丽，在这样一个全民狂欢的节日里。

而对我来说更复杂的是，我已经跟卢卡斯走到了对立面。可是因为我无法面对他，或者说面对无法改变他的事实，我分割了自己的情感，用 AJ 来满足生理上的情感，大卫负责陪在我身边给我感情和理智的爱。当这些话在餐厅纸上越写越多时，我仿佛看到了我饱受折磨的倒影，我不敢相信这是我所做的。纸上的真相太多了。我把酒喝了，餐巾纸揉成一团，扔进空杯子里。

酒杯底部的威士忌一点点浸染丑陋的真相，一点点瓦解我的人生，我开始支离破碎。我看到了我人生中各个方面破碎的失败。我不想被抛弃。我不想成为牺牲品。我需要被需要，然而只有在工作中才有人依靠我。还只是因为他们付钱让我被依靠。我仿佛透过指缝看到OMH 报告公布，被揭露真相后的我。

卢卡斯不需要我，他需要的只是一个出气筒，这个出气筒可以是任何人。AJ 可能连我的姓都不知道，我跟他在一起，唯一的作用就是一个容器。大卫如果没有我，会过得更好。他知道，我也知道。所以只有我的病人需要我。只有我的病人被迫相信我是沉着的、有能力的、能够拯救他们的。艾迪需要我，塔莎万卓雅需要我，甚至理查德也需要我。

在吧台后面的镜子里，我看到了自己松弛的下巴和泪汪汪的眼睛，看到了希德在吧台里看我的表情，我知道我该走了。我从大衣口袋里掏出一沓现金，塞在空啤酒杯里。拿起一个橄榄塞进嘴里，去除散发出来的酒味，然后跌跌撞撞地走向门口。走进寒冷的夜晚前，我给了希德一个飞吻。我的脸变成了一个快乐的面具。我紧紧地攥着口袋里剩下的餐巾纸，希望手心里的汗浸透它们，抹去描述我生活的那些可悲的、没有希望的字眼。

12月12日 下午3：23

我坐在一间团体治疗室里的桌子上，翻看着文件，等着其他病人来。我的计划是利用这个团体治疗，偷偷地收集理查德的一些信息。这是一个混合的团体，有各种各样精神疾病的新旧病人。我喜欢这些团体，因为他们启发了那些需要灵感的人，以及防止我们偏离复苏的道路而陷入疯狂。

理查德的报纸叠得整整齐齐的，塞在他的椅子下面，他的脚踝交叉着，双手交叠在肚子上。阿黛尔坐在他旁边。通常情况下，理查德会和身边的人之间至少空出一把椅子，我现在看到这把椅子才意识到，在几个团体中，他一直坐在阿黛尔旁边。

阿黛尔穿着一件毛茸茸的淡紫色开襟羊毛衫，米黄色短袜和矫形鞋。她坐在那，也是脚踝交叉着，双手放在膝盖上。她的拐杖放在她旁边的椅子上，看起来就像一个情景喜剧里的奶奶。我想知道她为什么能接受他。

在更多的病人来了并坐好后，我开始说话。

“下午好，各位。欢迎。今天我们不讨论各自目标的进展。因为我们这里有一些新病人，他们还没有真正确定自己的治疗目标——”我直视着理查德，但他没有看我，“——我想了解一下，在这待得久的人，你们的治疗目标是什么。”我看起来像要了解每个人一样，还有一些人主动举手要开始讨论。

“好的，珍妮。你先开始？”我带着温暖的微笑说着。

“我的目标是无论如何都要学会远离海洛因，还有在对待男人时能做出更好的决定。”她就像个扩音器一样，房间里回荡着她的回答，并且很满足她有明确的目标。

“你以前对男人做过什么决定？”我问，鼓励她继续。

“很多错误的决定。哦，不对，是一个。我对所有的人做了同样的错误决定。我以为我必须为他们付出。我以为他们对我不好是我还不够好。”我很欣喜听到她这么说，珍妮一定是去了女性团体治疗，树立了她是有价值的这个观念。

我瞥了一眼理查德，看见他透过眼镜看着珍妮。他逮到我在看他，给了我一个了然的眼神。

“谁来继续？”又有几个病人举起手，分享了他们的故事。我每次都会看理查德和阿黛尔，他们似乎对每个故事都是相似的反应。要么点头赞同，要么不屑。当他们觉得这些故事是陈腐或虚伪的时候，要么转过脸，要么就走神。我不知道他们是否会成为朋友。

“阿黛尔，”我问着，打破了他们小空间的那种排他性，“你呢？你想分享你的目标吗？”我看着理查德的反应。他只是瞪了我一下，没打算做什么或说什么。

阿黛尔看着我，似乎在考虑我的问题，然后微微地摇了摇头。理查德看着她，然后转向我，朝我抛了一个得意的、蔑视的笑。他可能也把舌头伸了出来，做着“嘘、切”的轻蔑的表情。**我也鄙视你！理查德。**我不知道他是不是在保护她。但是当我们结束团体治疗后，我看着他们离开，他把她的拐杖伸展开，然后扶着她从座位上站起来。在走廊里，他慢慢地走在她身后，在她走到大厅的时候，他很绅士地对她摘帽弯腰，真是个谜。

我往办公室走，思考着阿黛尔是如何攻破外表强悍的理查德的。走到办公室门口，我发现门底下塞了一张纸条。我感觉到焦虑瞬间爬上了我的脊背，我的思绪又回到了与 OMH 精神医生的评估会议上，我想知道我的秘密是否会全部消失，还是都在这张纸条上。我忧心忡忡地把它捡了起来。

这是泰弗洛斯所用的标准的打印纸，折成三折，我打开时，里面掉下来一张便笺纸。是大卫写的：“在你办公室外面发现了这个。上面有你的名字，以为是你的。别把私人物品放在办公室之外的地方。病人会拿走。”下边签了一个大大的 D。我拿起那张纸看了一下，不是我办公室里的纸。背面已经磨得有些破损，变灰了。纸上写着我的名字，家庭住址，还有从家里到泰弗洛斯的两条不同的地铁路线。这不是我的笔迹。这不是我的东西。

12月14日 晚上7：11

当我回到公寓的时候，卢卡斯在等我，他已经喝醉了。咖啡桌上有几瓶酒,商标贴在沙发上。卢卡斯穿着上班时穿的衬衫,和一条内裤，其余的衣服都堆在一个高脚凳上。

他的嘴唇染了红酒的颜色，我很惊讶，因为我只看到了啤酒瓶。桌子上还有两包打开的香烟，烟灰缸里的烟头也不是我的。我进门的时候，他在看《低俗小说》，没有听到开门的声音，所以我大力地关了一下门当作打招呼。

“嘿，宝贝儿！你去哪儿了？我一直在等你！”他边说边晃着胳膊。

“你今天没有工作吗？怎么喝得这么醉？”我把钥匙挂到门铃处。

“我没醉，我只是看到你高兴！过来！”他伸着胳膊，想要抱我。我走到凳子前，把他的衣服推到地板上，然后把我的外套挂在椅背上。他看到了，但还是没说什么，继续用那傻醉傻醉的脸对着我笑，我真想吐他一脸。

“这周因为工作的事，我过得很糟，今天晚上没有心情照顾你。你能自便吗？”我坐到沙发的另一头，躲过他伸出的胳膊。

“我没事。不需要你照顾。我给你拿瓶啤酒？或者红酒？我开了一瓶红酒，想跟你一起喝。我知道你爱你的酒。我会给你买新的。”他打开橱柜，拿出开了的那瓶酒，也就还剩半杯的样子。我拿起他留在烟灰缸里没抽完的烟。

在单位度过了又一个筋疲力尽的日子后，我没有精力和这个疯子战斗，所以我只是靠向沙发，抽着烟。AJ 的样子一直缠绕在我的脑海里。有时候看着烟从我嘴里吐出来，让我觉得自己好像把一天中所有的负面情绪都吐掉了，然后像幽灵一样飘在房间里，一吹，就消散了。对于这样一个不怎么样的习惯，确实能让我感到被净化。

卢卡斯已经摇摇晃晃了，能看出来他开始听从他头脑里的声音的支配了。我看着他的变化。我看着他，已经预见到了，一个醉鬼变成一个暴力者，然后是彻底的精神崩溃，这整个过程。我已经准备好迎接猛烈的暴力了。他摇摇晃晃地站在门口，一手撑着门，一手抽着烟。他已经听不进外界的任何声音了。他把杯子倒满，然后把剩下的半瓶蒂托手工伏特加放在了旁边的桌子上。我坐在沙发上，喝着夏布利，看着他，他没有看我。

“你喝了多久了？”

卢卡斯喝醉的时候就会变得充满戒心和傲慢：“跟你没关系。”

当他说这句话时，我把视线从他身上移开，试图避免一场挨揍。但我知道，要来了。

“你才是那个喝醉了的，每天晚上喝得烂醉的那个，喝得酩酊大醉找不到钥匙摔倒在走廊里的那个。别跟我说我喝得太多了！”

“我并没有这么说。是你现在在无缘无故地大吼大叫。”

“这不是原因。你变成了你母亲那样，我厌倦了看你崩溃。你整天和尼克酒吧的那群人混在一起，你和所有的人都睡过，你酗酒，整天抽烟，总是这样一副死样子，你是我的女朋友，却是个坏女人。”他把杯子放在门边，拿起了瓶子。

“我，是，坏女人？你睡过多少女人，你管我叫坏女人？”

“嗯，也许如果你是一个好女朋友，我就不会这么叫了。”

“你知道什么？赶紧滚。滚出我的公寓。你不住在这！你喝光了我所有的酒！赶紧滚出去。”我站起来，指着门，表达了让他滚出去，表达了自我，表达了我有自尊，我需要被尊重。

“放的什么屁？我只穿了内裤！我不会走。”

“穿上你的裤子！赶紧滚出去。我不会坐在这里听你叫我坏女人。我为你做了多少！在你生病的时候照顾你，假装不知道你跟别的女人上床，忍受你吸毒和你的屁话。你现在要当混蛋了？你没有资格当混蛋！你应该跪着亲吻我走过的路！你应该感谢你的幸运之神是我。你个鸟人！你就是个衣冠禽兽！”

他摇晃着向我走来，张开手。现在我要自卫了。但他只是向我伸出手，把我拉进他的怀抱，想说服我让他留下。

“放开我。你赶紧走。”我挣扎着想摆脱他。他把烟从我手里抽了出来随手扔到地上。随着滚动，烟在地板上烧出了一条痕迹。他用汗湿的双手抓住我的肩膀，满嘴的酒味冲进我的鼻子里。我看到他的嘴角有白色的唾沫，他可能又嗑药了。我的自尊无法让他离开。我的自尊无法让他放开我，他抓住我肩膀的地方很疼，我知道明天早上又会有瘀伤了。我现在一点儿都不介意拿起电话报警，告诉警察他又要打我了。

他整个人几乎压在我身上，我看着屏幕上放的《低俗小说》，我听着塞缪尔·杰克逊的角色说：他在努力，很努力，要成为她的白马王子。

当他把我推到墙上时，我的思维跳到了让人感到安全的大卫身上。

当他满眼泪水，告诉我他无意伤害我时，我想起了 AJ。

当他举起酒瓶，把伏特加倒在衬衫上时，我想到了另一种生活。

当他把烟啪地打在地板上时，我想起了我办公室里的垃圾桶。

当我擦掉眼泪，他打我的脸，我的耳朵不停地轰鸣时，我想到了理查德。

12月15日 清晨4:33

我躺在AJ的床上，环顾他的卧室，他在浴室刷牙。他的床单很软，房间里有两扇窗户。除此之外，这是我去过的最没有特色的卧室，但对我来说很有效，因为我不应该在这里。

在卢卡斯结束他的暴力事件，点燃事后烟时，我知道他会像往常一样离开。他气喘吁吁，汗流浃背，然后穿上衣服，嘴里叼着一根受潮的香烟，把外套搭在肩膀上，走了。留我自己在浴室里流血。AJ很快回复了我的短信，并邀请我过去。我洗了个热水澡，化妆做了遮掩。在清晨的微光中，肿胀被遮住了，头发垂散下来遮住了更多。

AJ回到卧室，手里拿着两个杯子和一个酒瓶。

“你喜欢玛格丽特吗？”他赤裸着，就像自然历史博物馆里展示的尼安德特人，“我还需要问吗？”他爬上床，盘腿坐在我面前，倒着酒。

我也没穿衣服，但我把毯子拉到了胸上，我可没有他那样的自信。而且我也不想让他看到我肋骨上的瘀青。我们默默地喝着酒，微笑地凝视着对方。

他伸过手来掀毯子，笑着看着我，把毯子掀到我的肚子上。然后他把一根手指伸进杯子里，用冰凉的液体在我的大腿上画了一颗心。他又沾湿了手指，给心上色。当酒滴在我的双腿间时，感觉很凉。他俯下身去吻我的龙舌兰。

他的嘴软软的、暖暖的，吻在我的大腿上，再加上我强烈的内疚感，使我颤抖，几乎失控地颤抖着。

他不断地吮吸着在脖子和锁骨上滴落的酒。我全身都起了鸡皮疙瘩，每一次碰触都让我喘不过气来。

我躺回到他的枕头上时，抬头看着天花板，想着我到底在做什么。我的心还在我的公寓里，在我的浴室里，头还埋在角落里。我努力让自己回到此刻。太阳快升起来了，因为他窗户外的城市正开始显露出轮廓。一种熟悉的恐惧感从我的胃里升起来，爬进我的嘴里。每当太阳升起，我仍然清醒的时候，我就会觉得时间过得太快了，我必须抓住身边的一切，让它慢慢地、缓慢地、慢下来。

我向后仰着凝视着窗外，一切都是倒着的，地平线也被颠倒了。那些向下翻转的建筑物的轮廓，看起来就像是拼写的卢卡斯的名字，我不得不把头倒回来，眨着眼睛想把那些想象挤出脑海。我坐起来的时候，AJ 抓住了我，我的头发垂到了他的肩膀上。他揽着我，把杯子从我手里拿了出来，放到床边的桌子上，然后把我从床上抱起来。毫不费力地抱着我，一声不响地走到窗前。他拉上窗帘，把脸埋进我的脖子。当我看着他身后的城市最后一丝光亮消失时，他把我扔回床上。

12月15日　早上6：16

我摸索着大门的钥匙，太阳已经从建筑物上探出头来。我知道我不该这时候了才回来，但是发生了卢卡斯的事之后，我无法自己待着。我得去 AJ 家。但是，上帝，我为什么要喝这么多？当我跌跌撞撞走进电梯里，我眯着一只眼睛看着手机：早上 6 点 16 分。

还有时间。

我可以喝杯咖啡，洗个澡，清醒一下，换上干净的衣服。

还有时间。

还有时间。

我出了电梯朝家门大步走着，醉醺醺地假装清醒。我把左肩靠在门框上，试了几次把钥匙插进锁里，未果。钥匙就跟用黏土做的似的。深呼吸了几次后，我终于打开了门。我眯着眼看了看太阳，然后把咖啡煮上。没有时间洗头了，但是可以在洗热水澡时把酒味洗掉。还是应该洗个冷水澡？

我脱掉衣服去淋浴。吐漱口水的时候，酒味和漱口水的味道让我恶心。我知道如果把酒都吐光，我的世界就好了。所以我一直吐，吐到都快把脚淹了。我又漱了口，然后用淋浴喷头冲洗呕吐物。我用花香味的沐浴露擦洗皮肤，让自己相信能成功洗掉酒味。

当我坐在去往市中心的地铁上的时候，刺鼻的牙膏味和打嗝的呕吐味又冲上了我的喉咙。我看着那些乘客，他们似乎都没看出我的异样。这激励了我，一天开始了。我喝着保温杯里从家带的咖啡，在到泰弗洛斯之前，我得顺便去一下杂货店[1]。黄油，还需要一份油腻腻的熏肉、鸡蛋和芝士三明治来给我的胃涂上一层油。我又看了看我的手机，这次是两只眼睛一起看的：早上7：53。肯定能办成。

我正在办公室吃着熏肉、鸡蛋和芝士三明治，喝着第二杯咖啡时，我闻到了头发的臭味。我解开马尾辫，拉过头发在鼻子前晃了晃。闻起来像烟味，还有夜店玩了一宿的味道。我从桌子底下掏出那瓶衣物除臭剂，对着头喷了喷。然后去洗手间擦干头发，一点点梳理。简直就是一种耻辱。我诅咒卢卡斯，就是因为他，我才投入AJ的怀抱，到他的床上寻求安慰。今天还有很多工作必须做，该死的卢卡斯。

我头晕目眩地走回办公室。我还得坐很久，咖啡、除臭剂和油腻的早餐味才能起作用。我期盼着我和蕾切尔的会议打个电话就行了。我晃了晃剩下的除臭剂，然后轻轻地把头靠在椅背上，闭上眼睛休息一会儿。

大卫的敲门声很响，把我从醉醺醺的小睡中拽了出来。我差点儿从椅子上摔下来。我猛地站起来，去开了门。我气喘吁吁地睁大眼睛盯着大卫。

“嗨，早上好。你，没事吧？”

① 特指西班牙籍美国人开的类似小超市一样的店。

“嗨，大卫。我没事，就是累。”我还是盯着他看。

“蕾切尔让我跟你说，她已经在会议室等你了。你确定你没事？你看着可是完全在状态外的样儿。”

“没有，没有，我没事。我睡着了，你吓了我一跳。”

“你喝醉了？”大卫低声说，然后向前倾，嗅着我的方向，关上了他身后的门。

“没没没。没喝醉。昨晚睡得太少,现在困得冒烟。”**必须还醉着呢**。我看了眼时钟：马上10点。

“嗯，去找她之前赶紧清醒起来。你现在看着就跟睡在排水沟里了一样。”

“好的。不过我确实没事儿。蕾切尔怎么样？她情绪怎么样？”**我必然不好啊**。我把头发盘成一个小圆髻，使劲揉了揉眼睛，让自己看起来不是刚睡醒。然后喝了口漱口水，吐到了垃圾桶里。

“蕾切尔看起来还好。我们刚结束会议,都还挺顺利的。祝你好运。”他带着明显的失望和不赞成走了出去。我懒得管大卫的想法了。我仔细检查我的脸，抓起一堆病人的文件，自信地走去会议室。

蕾切尔坐在桌子的一头，背对着门。只有我们两个人围坐在会议桌旁时，会议桌看起来巨大无比。蕾切尔在跟我打招呼时，我把文件放下，然后站起来去给自己倒咖啡。

“帮我也倒一杯，好吗？我的是一个崔弟鸟的马克杯。”我走进休息室时，蕾切尔喊道。

“当然可以，你要什么？”我透过门缝大喊。

“多加糖和奶。”我准备好两杯咖啡，颤巍巍地端着它们回到会议室。我把咖啡放在她面前时，洒了一点儿出来。“谢谢，萨姆。”她拿纸巾擦了一下桌子，然后喝了一口，“那么，我们开始吧。你的病人在吃药的有多少？”

我们在每月的用药管理会议上，每个临床心理医生都要向蕾切尔汇报，回顾一下我们的病人是如何用药的：他们服用了吗？我们是否怀疑他们在说假话？是否达到预期的效果？

“除了理查德，其他人都在吃。”我回道。

“好吧。和理查德的进展如何？这不是一个药物管理问题，但也算是吧。我们还没有机会来谈这件事。”

“取得了一定进展，我认为。他是个态度很强硬的人，他对回答关于他不完整的档案问题完全不感兴趣，但我意识到，他那些暴力传闻只不过是道听途说而已。他更像一堵石墙。”我的眼球已经在脑袋里晃动了。

“嗯，我很高兴听到有进展。我们在下一次关于病人的例会上进一步讨论这个问题，好吗？”

“没问题。”我觉得我的胸腔已经开始打嗝了。

“上次咱俩在这开会的时候，讨论了阿黛尔。有些东西不太管用了。我记得我们讨论过改变她的剂量，或者和精神病医生谈谈尝试不同的药物治疗？”

我翻遍了档案直到看到阿黛尔的，对于蕾切尔说的我完全没有任何印象。她的档案里没有关于药物改变的记录。“嗯，是的。我们要添加奥氮平，看看能不能让她的躁郁症稳定下来。”**阿黛尔有没有躁郁症？**当我不知道要说什么时，我就说行业术语，并且希望其他人听不出来。

“好。注意干预。她有酗酒史，对吧？”

“是的，但是她已经接受了治疗，很多年不喝酒了。而且她现在90多岁了，应该不会是个问题。”我觉得我现在的呼吸又热又重。

“只需监测肝功能，并留意任何癫痫或震颤的症状。我会做个笔记。奥氮平很有希望会比利培酮成功。我不想破坏这样一个脆弱的女人的生命系统。”蕾切尔在本子上写了一些什么。

“好的。”我在阿黛尔的档案里潦草地写着，以备让她的精神病医生在奥氮平上签字。我觉得宿醉的汗湿透了毛衣下的腋窝。

“肖恩呢？我们得到一些报告，说他完全不再去团体治疗了。健忘，记忆混乱。你觉得跟药物有关不？”

蕾切尔的思维跳转得对我来说太快了，我的脑子很难跟上所有的事。肖恩……哪一个又是肖恩？我翻着文件。“呃，肖恩没事。实际上——”我知道我的大脑在发射一个个说谎的指令，我想阻止自己，但我没有，“——他已经显现出了记忆改善的迹象，记忆混乱的现象也少了。我认为我们应该坚持他目前的药物治疗计划，让它发挥作用。肖恩才26岁。老实说，我认为这种混乱是注意力不集中。”

我们继续讨论我的案件，讨论那些我仿佛不记得的所有病人的细节。眼睛后方的头部剧烈地疼痛着，我在整个会议中一直在用我的方式假装着，感受着不断侵袭的醉意和宿醉的难受，直到我终于可以站起来离开。

我站在走廊上，给蕾切尔开门。她疑惑地看着我，仍然坐在椅子上。“我不走，萨姆。我要和其他员工开会了。”她的脸拧成了一副批判严肃的表情，“今晚好好睡一觉。”

12月16日　下午2：12

我在为朱莉带一个团体，她今天不愿意来上班。估计可能是和她的理财经理开会讨论了股票期权和猪腩肉，心情不好。这个团体真是浪费我时间，因为唯一的职责就是监控病人在电脑上做什么。

色情和赌博网站在所有的像我们这样的机构中都被屏蔽了，还有社交网站、八卦网站或任何包含枪支和毒品等危险关键词的网站。我也不知道该如何规避，一些年轻病人是技术奇才，他们设法绕过防火墙，那些弹窗最后还是在机房的电脑上弹出来。所以，这就是我现在在做的事情：确保没有人浏览色情网站并隐藏桌面下方的工具栏。我戴着AJ的围巾，时不时地把它拉到鼻子上，闻着他的气味。那气味直接把我带到他的公寓，我的腿开始发麻，我的胃也开始变暖。

艾迪和阿黛尔是相邻而坐的，他们的电脑都没有在运转。艾迪一直按显示器上的按钮，等待着。阿黛尔耐心地看着他。露西在房间的另一边，看着学术网站。她打算考GED文凭，她想自己做准备。她从回收站里撤回一堆文件，把她在屏幕上看到的每一个字都抄下来。

艾迪靠在阿黛尔身上，按下她显示器上的按钮。什么也没发生。

“萨——姆，电脑坏，坏，坏了。”

“要不试试其他的呢？”我说着，没有抬头。我在盯着咖啡，想着事情。

“这位夫，夫，夫，夫，夫人的电脑也，也，也，也坏了。”阿黛尔向我的方向微微地转过身来，我痛苦地呻吟着走到他们跟前。我按了艾迪的按钮，结果是一样的。我跪下来，在两台电脑之间的电源上按下按钮。我在听着看是否有动静。

“啊！我的电脑死机了！”泰勒环顾四周，试图找出是什么原因。

“对不起，泰勒。我按了你的关机键。”我又按了一下按钮，把泰勒的电脑打开。我终于找到了正确的那个，艾迪的电脑也开机了，但阿黛尔的屏幕一直没变。没有另外的主机。我抬头看了看桌子，也没有。阿黛尔的显示器只是附在键盘和鼠标上，连一根电源线都没有。

我们的电脑已经过时了，技术落后了十年，现在还使用的是坏的显示器。在这里，没有任何东西可以帮助我们的病人学习现代技术。

“艾迪，你今天打算在电脑上做什么？”我问，希望他和阿黛尔一起做点什么，能培养点耐心和团队精神。

“我也不知道，萨，萨，萨姆，我们应，应，应，应该做，做，做什么？”

我站在他的椅子后面，趴在桌子上伸手去拿鼠标，想找一个游戏或者一个他们可以一起合作的教育项目。艾迪握在鼠标上的手没有动，于是我们两个的手就一起握着鼠标了，我推着他的手滑动鼠标。打开了一个程序，能够帮助唤醒回忆和记忆的程序。

“你们俩愿意一起做这个吗？你们可以互相帮助去学习和记忆？”

对于这个像笑话一样的团体，我已经做了超出我想做的事情，我感到厌倦和低落。阿黛尔摘下她像玻璃可乐瓶底的眼镜，在她的防雨绸上衣上擦了擦。她在椅子边坐着，轻轻地推着艾迪的胳膊肘，鼓励他移动鼠标，开始游戏。艾迪照做，屏幕上弹出的第一个框要求输入名字。让我满意的是他们愿意互相合作，我离开他们，回到我在门口的座位上。我看到，经过几分钟的深思熟虑，艾迪和阿黛尔在屏幕上的名字框里输入了“艾黛尔”。

我环顾了整个房间，看到了供精神卫生专业人员使用的各种精神疾病诊断的影印本。我没有让自己陷入半意识状态，而是四处走动，整理房间。有一本《精神疾病诊断与统计手册》第三版，我翻到了关于人格障碍的章节。很多内容都变了。在页面空白处有注释，但铅笔的笔记已经模糊，所以我不知道他们都写了什么。有些页面的边缘已经皱巴巴了。我合上书，继续在房间里走动，去看其他的书。

第四版的两本影印本也在书架上。我读了读熟悉的词，以及注释所标示的变化的内容。边距的空白处有大写的 F.W 和 S.，类似索引。

我把书合上，放回到书架上，突然看到一个显示器亮着，但没有人用。我走过去，想要关掉它，屏幕上显示着维基百科关于人格障碍的页面，显示器的右边贴着一个便笺纸。不是泰弗洛斯的便笺，但我似乎以前见过它。我查看了整个房间，想弄清楚谁可以查到诊断要件，但这里应该没有技术那么好的人。一瞬间，我感觉自己被人监视着，但当我再次扫视房间时，我看到的只是病人在电脑前慢慢地敲键盘，或是在椅子上打瞌睡。

12月19日　下午1：19

我需要抽烟。但我现在不能出去，外面很冷，而且来往碰到的人太多了，我不想看见任何人的脸。

我在办公室里踱步，但办公室太小了，所以基本上我是走在一个小的、紧凑的圆圈里，我意识到这让我很狂躁。

我的窗户在楼的左侧，如果我靠近窗户，哪怕隔着一条街，其他工作人员都能很容易就看到我。

我的“午餐中”的牌子已经贴在门外了，而且一个小时内我也没有任何团体治疗，所以我有时间把自己晾出去，甚至是刷牙。

我的外套已经闻起来满是烟味了，无所谓了。我拉开窗户，小心翼翼地把所有的头发都塞进兜帽里。我脱下鞋子，站在病人椅上，这样我身体的上半部分就可以伸到窗外了。我把手套戴上了，但这样我又很难拿住烟和打火机，不过这样至少不会在我的手指留下烟味。

我终于点着了烟，所有的注意力和努力都得到了回报。当烟雾在我的肺里弥漫时，无休止的恐慌开始消散。我尽量把烟从开着的窗户处吐出去，薄薄的白色的缕缕丝丝，消失在严寒中。阳光有点儿刺眼，但我的太阳镜在包里。我眯着眼睛，看着烟雾从我嘴里流出去。我仰望着温暖的阳光，突然，我看见蕾切尔正从她的办公室窗户里探出头来，也抽着烟。

“萨姆！”一声低低的惊叫在喊着我的名字。头巾遮住了她的头发，左手拿着一个粉红色的打火机：“把烟灭了，到我办公室来。现在。”

我一句话也没说，就把那支没抽几口的烟扔到下面的街道上，然后回到办公室。我的心在胸腔里炸裂，恐慌开始像胆汁一样涌上喉咙。蕾切尔怎么会在窗边抽烟？我赶紧把鞋穿上，把外套挂在衣帽钩上。

我抓起水瓶，把牙刷从紧急过夜袋里拿出来，刷牙，快速吐到垃圾桶里。我喷上香水，掏出桌子下面的那瓶除臭剂喷毛衣和头发。

我急急忙忙冲向蕾切尔的办公室，一步两个台阶地跑着。我的心在恐慌、恐惧和尼古丁的结合中奔跑着。我觉得脖子上的静脉都在紧张。

跑到蕾切尔的办公室时，我已经快喘不过气来了。门上贴着“开会中，请保持安静”，我敲了门。我试着用专业的外表掩饰我的焦虑，但我觉得汗水顺着我的身体在流淌。那个黄金女将的形象要崩塌。

蕾切尔快速地打开门，把我拉进去，又快速地把门关上，以防烟味散到走廊上。

“萨姆，你刚刚在抽烟？”蕾切尔已经把大衣挂起来了，重新整理了自己。

“是，我一直抽烟。在我来这之前，我就抽烟。当然，从来没有在办公室的窗口抽过。”我坐在她的病人椅上，尽管她没让我坐。

“现在呢？仍然？一直抽烟？”

“我很抱歉，我完全明白，在办公室抽烟是完全不允许的。我保证，这种事不会再发生了。”我听到了我嘴里的道歉，同时我对蕾切尔的虚伪也感到惊讶。

“不是，我不是——我不是在说规矩，我只是不敢相信你怀孕的时候会抽烟。像你这样受过高等教育的人。”

“怀孕？我没有怀孕！天哪！”话题终于对上了。

“你没怀孕？”蕾切尔似乎真的很震惊。

“没有！你从哪儿听来的？”

“我的天。萨曼塔。我还以为—— 哎。前几天我去你办公室，想和你讨论一些事情，我听到你办公室里传出呕吐的声音。我猜，我只是假设，你有晨吐，你待在办公室里是不想告诉别人。天哪，我真不敢相信我竟然得出这样的结论。我很抱歉。”

“呃——我……”我有点儿措手不及。我以为我是来检讨抽烟的，结果现在却是被传怀孕的。“我——我之前是真的——呃，病了。我有偏头痛，有时候就会恶心。来不及去洗手间。真的是一种绝对令人厌恶的痛苦，但绝不是怀孕。”这么多年来，我一直带着谎言活在人群中，假设自己永远不被发现。我看着蕾切尔的眼睛，希望她能相信。

“真的很抱歉。我不知道你有偏头痛。我的前夫，他也是这样。让人相当虚弱。”

“是啊。不过也还好。我这个病已经很长时间了，所以我现在已经习惯了。”**我们是不是该讨论一下，我们刚刚站在窗口抽烟的事？**

“我说你怎么有时候在员工会议上反应迟钝——现在我明白为什么了。难怪那天我们开会的时候，你看起来那么疲惫，不在状态。”

“如果曾经发生过这样的情况，我很抱歉。我想掩盖它，但有时它又让我觉得自己是最好的。”**获得同情，让我光芒闪耀。我可以整天都把宿醉当偏头痛**。“前几天你为什么来我办公室？要和我讨论什么吗？”我得快速地把对话从任何让我看起来很糟糕，或很弱的事情中转移出来。还有怀孕。

“嗯，是的。确实有事。”蕾切尔在座位上不太舒服地挪动了几下，“但显然我们应该先解决保密的问题。”

我举起双手以示投降：“你的秘密在我这绝对安全。”

“谢谢。但我在办公室里抽烟确实不合适。”从我进来到现在，她终于松了一口气，“都是在非常艰难的时期，有时我也会像其他人一样不知所措。”

我瞬间无缝切换到心理医生的模式，支起额头竖起耳朵倾听。几乎察觉不到地点头，鼓励她继续说。

蕾切尔继续说：“在这里压力太大了。我相信，你，所有的人，都能感觉到混乱。”她做了一个夸张的手势，似乎是想表明整个机构都处在火烧火燎的混乱中。

我点头，感兴趣，也有点内疚，因为我没有注意到混乱的严重性。

“我们处于——”她俯身过来冲着我说，就像小女孩在操场上分享秘密的样子，“我们现在处于非常严重的财政困境中。”蕾切尔把自己扔回椅子里，把椅子从我身边转开，显然提到这件事，她很不舒服。她在揉太阳穴，我头一次看到，她咀嚼了嘴唇上的表皮，红的，生的。

“我还没有向员工透露过这一点，我知道其他的管理人员也一直想了解真相。但是，坦率地讲，我只是在抽烟，你也是，而且看起来专业方面出了点问题。所以，”她回过头看着我，傻笑着，“我相信你，萨姆。”

“我不知道泰弗洛斯有这么大的麻烦。蕾切尔，我很抱歉。”所有的事就讲得通了。工作人员一直很烦躁，管理人员也无处可寻。病人生病的天数越来越长了。油漆剥落，厕所仍然没有修好。越来越多的病人进来，但招不到更多的人来管理他们。待处理案件积压过多。我开始怀疑现在的情况到底有多糟糕。

“我也不确定这件事我需要说到什么程度。”蕾切尔叹了口气。

环顾她的办公室，可以看到混乱的结果。一种超越混乱的状态。地板中间的地毯上有一个深色的污渍，看起来就好像长了另一种绒毛。几把伞放在墙和文件柜之间，文件柜没有一个关好的。窗台上的植物早已枯死，即使是多肉植物和仙人掌也没能幸免。她的桌子底下，有个塑料袋，装了很多双鞋子。从毛茸茸的冬靴到凉鞋——显然几个月都没打理过。

“哎，我就在这儿听你说。如果你想跟我说说正在发生的事。我有个 40 分钟的团体治疗，可以让大卫帮我带一下。”是时候巩固我在蕾切尔心中的地位了。

她挫败地黯然地点点头，我拿起她的电话跟大卫说了一下。他同意帮我带我的团体，也懒得问为什么。

“搞定。”我说，“到底发生了什么？”我觉得我应该感到不自在，因为对于蕾切尔来说，让专业的界限消失是不正常的，她向我吐露心事也是很不正常的。但我觉得这是一个机会。

“不仅仅是我们——所有政府资助的设施都是这样，没有钱。这个城市没有钱给我们，国家，联邦政府——都没有。根本没有钱。2008年以来，心理健康领域依然没有得到重视。资源重新配置，我们还是如同以往一样，得到的还是不公平的待遇。

“但现在，每年我们的员工人数都在减少，因为无法靠这些工资生存。我们正在失去那些无法忍受没有六位数工资的管理人员，而病人的大量涌入和工作量的情况则正好相反。”蕾切尔低着头，靠在她的椅子上，脚笔直地伸在面前，轻轻地左右摇晃着。

“这个情况发生多久了？”

“几个月。或者，我估计，不止几个月，累积的时间肯定比这更长。”她突然转身面对我，从抽屉里拿出一个罐子。她取出一颗酸味的糖果，把罐子递给我。我礼貌地拒绝了，因为我嘴里还有牙膏的味道。

“政府的人是在天气变冷前来开会的，大概 9 月吧，然后我知道了，我们的运转已经出了问题。讨论了很久员工的忠诚度和能力。工作量增加了，工资却没有增加，但我们却被要求，谁能处理更多的案子，谁就继续被雇用。真是很让人生气，他们一边剥夺我们生存的最后一点希望，一边同情我们，还强调病人护理的重要性。我就是一艘正在下沉的船的船长。他们不停地打电话提醒我，他们在和我战斗，我们已经在战壕里。他们提出了这些荒谬的解决方案，说是为了保持团队士气。**团队士气**？他们连我们叫什么都不知道。”

我在看蕾切尔的办公桌。文件，笔记本和装订的东西杂乱地堆放在各处。在成堆的文件和用过的纸巾下，有一些外卖盒被推进角落里放着。

她的绝望是显而易见的，不仅仅是她和我说的这些事实，她的声音，她的办公室，她的举止，一切的一切都显示出一种绝望的气息。

“他们甚至都没有了解过，我是一个人在这撑着。”她几乎要哭了，“我独自一人知道危机的存在，我独自一人管理这场危机，我独自一人承担大部分的管理职责。我甚至想问问！问问我是否可以把一个心理医生提升到管理职位，这样我至少可以和一个人谈谈这件事！顺便说一下，我有提拔你的想法。”

“他们怎么说的？”我得到了一个晋升的机会？

“我们更希望员工不要受到财务挫折的影响。我们认为这是暂时的，我们希望尽可能少的人知道。”她捏着鼻子，用卡通的声音模仿了高层人物的动作，手指弹了弹太阳穴，“总是一样的废话。他们习惯了对所有人撒谎，不作为地撒谎。”

“哎，好吧，不过我还是很高兴你告诉了我。你需要把这件事从你的心中剥离出来，而我也不期望任何形式的晋升或头衔的改变。但如果你需要我的帮助，或者需要支持，我就在这儿，非常乐意帮助。我不会告诉任何人发生了什么。”似乎不值得，但我还是要继续表现。

“我不能——我不能再这么要求你。我已经给了你很大的压力了。我已经给了你别人不可能完成的案子，你所带的团体是最努力的团体，我不能冒险再把你也推向崩溃的边缘。如果我失去你，这整个地方就会消失，相信我。哎，我，我本来只是要指责你怀孕抽烟的事儿。”

“蕾切尔，这是我的工作，我爱我的工作。而且我也很擅长这份工作。我不可能在知道了这些事情之后，知道你需要帮助，还无动于衷。让我做一些事情，让我帮你分担一些这样的负担吧。”

我能从她的眼神中看出她非常想接受我的提议。她一直在想这件事情。她一直在等机会跟我说。闪耀的光芒又回到了我的身上，现在它已经近乎辉煌了。

“我还没有和员工开每月一次的药物管理例会。你也知道，我一直用外包来督导员工。萨姆，我还没看过员工评估。”她拿起一堆文件夹。OMH 的封条绑在文件夹上，像一个未开封的圣诞礼物。

这就是为什么我一直还安全的原因，这些评估还没被审查过。“本来 Dr. 布鲁克斯和 Dr. 杨一给到我这些评估结果后，我就应该做好总结，把报告写完，提交给 OMH 的。但是心理健康办公室也有同样的问题——工作过量，资金不足，人手不足。我们都在同一艘正在下沉的船上。”

我从来没有这么幸运过，有这么一个千载难逢的机会，让我称心如意：“蕾切尔，把它给我来做吧。”**把评估给我吧，给我吧。给。我。我的评估。**

“我实在是太忙了，我每天看着病人，我不能让他们失望。”她的眼睛变得模糊，看起来很遥远。**给我评估。**

“如果你需要的话，我可以帮你处理一些行政上的事情。或者在你忙的时候，我可以帮你带团体——”**把评估给我吧**——“我甚至可以给你做 OMH 的评估总结。”心快跳出来了，血液和肾上腺素一直在飙升。我觉得我手上的血管都绷出来了，汗在裤腰处淤积。

她低头翻看一部分人的评估，但很明显，她在看的和她在想的并不是一回事。“我不能让我们的病人因为经济问题而受苦。我不能让他们再次失去自我，他们承受的已经够多了。”她的声音越来越小，思绪混乱，情绪有些崩溃。她似乎是无意识地下了决定，手慢慢地伸向我，看着我，有点目瞪口呆的样子，然后松开手指，把评估文件放到我伸出的手里。“我不能让病人觉察到这些变化。他们需要支持……”她的声音慢慢地消匿了，我的耳朵嗡嗡作响，胃液在往上反酸，我既兴奋又害怕，害怕马上到手的拯救我的东西又被收回。我摸着文件夹光滑的表面，手心出汗，感受着这份东西的分量。

“还有其他事吗？”我问道，我的眼睛紧紧盯着那堆评估文件。我还处于不敢相信的状态。蕾切尔又陷入了焦虑和自怜的状态，不知道她是否听到了我说的话。

“就这件事。”她盯着某一点，就像在瞄准，然后射门，“别告诉别人我被压得想死。别告诉其他的员工，即使是大卫。保持积极的状态，别让别人知道背后的事。”她的目光重新集中在我的眼睛上，双手紧紧地握住我手。她的手握着我的手，我的手握着我的救命恩人。

我慢慢站起来，我得带着这些评估文件赶紧离开，在她看清我之前，要回这些文件之前。蕾切尔挺直了身子，又和我的目光相遇了，她的表情是那么的迷茫和脆弱。

“我不会跟任何人说。”我们握手，达成协议。两个溺水者之间的约定，假装对方会游泳。

12月20日　下午3：46

抱着这摞文件，我觉得自己好像知道了一个毒品贩子藏毒时是什么感受。兴奋之情是巨大的，但恐惧之情是压倒性的。蕾切尔已经失去了她的头脑，她让她认为最优秀的人来检查评估，准备总结报告，给心理健康办公室，那个人，是我。精神不稳定，自我毁灭，威风凛凛的超级英雄 Dr. 萨曼塔・詹姆斯。

我必须尽快地进行这项工作，她不可能长时间脑子不清醒。现在也只是因为泰弗洛斯的问题，但并不意味着她本人会堕落到这个地步。

我撕下了 OMH 的封条，文件就像展开的手风琴一样散开。文件是按部门组织分类的，尽管好奇心驱使我先阅读我的临床同事的评估，但我还是控制了自己，并准备建立一个有组织的、有说服力的体系，来总结这些评估结果。我还得在纸上记下点什么，以防蕾切尔来检查我。所以我挑选了那些无关紧要的人开始：维修人员和厨房人员。然后是保安、护理员和护士，最后才会深入到临床工作人员。

我的脑子里充满了这个想法——是特拉维斯和 Dr. 布鲁克斯给了我们放手处理的权利，所以我是不会被发现的。我不知道如果我打开自己的评估，发现自己就是个错误该怎么办。所以我把贴有我名字标签的文件夹放在了最底下。

大卫还在带我的团体，我想象着结束后，他会进来向我汇报情况。我还有 10 分钟，或许 15 分钟的时间，然后，下午大部分的时间都排满了。一个病人的面谈，一个持续治疗案子的资料研究。我在门上挂了一个“会议中”的牌子，把白噪声发声机调到最大，清理桌上其他工作的文件。我拿出手机，看到 AJ 发来的带有暗示性表情符号的短信。我微笑着关掉了，我现在不能受干扰。我拿出两支钢笔：一支红色的，一支黑色的。在评估文件旁边放了一个白色的泰弗洛斯的记录簿，然后准备开始工作。

每个文件夹都包含对工作人员的评估和测试的结果，以及对调查结果的简要总结，还有一份单独的面谈文件。OMH 的参考资料，是一份泰弗洛斯的雇用名单和每个人的个人简历。

在特拉维斯和 Dr. 布鲁克斯完成调查并提交调查结果后，蕾切尔的工作就是审查他们的结论，并为每个员工做出是否继续雇用的决定。但这现在是我的工作。等 OMH 审查完返回到我们的管理办公室后，每个人真正的评估结果很可能就再也看不到了。蕾切尔要把最终的报告提交给 OMH。

我打开第一个文件夹——萨尔瓦托·瓦尔布埃纳，维修工人。在泰弗洛斯精神疾病中心工作了 11 年。教育水平？高中学历文凭。评估和面谈的结论？普通。总结？适合维持目前的工作。我快速地草草地记下笔记，仔细地把他的文件夹合上，放到窗台上。

我继续看，几乎所有的维修人员都是同样的结果，除了卡洛斯，他所有的测试都表现出不稳定和不可靠的反应，而且面谈的结论是无定论。这个原因很明显，他不会说英语，特拉维斯和布鲁克斯都不会说西班牙语。他们也没有尽职，定下结论——他的古怪反应完全是由于语言障碍导致，并且认为他适合维持目前的工作。为了表明我是谨慎和细心的，我在本子上做了一个红色的标记，要求下一次再做评估调查时，派一个说西班牙语的医生来。**看看？我完全有能力做好这件事**。

当我阅读评估，回看评估结论时，我想知道这些东西是否是按曲线上分级。如果让我说，至少有一半的人疯了，如果我们不是疯子，来这之后也疯了。看看蕾切尔——一个心智健全的典范，但现在已经开始崩溃了。OMH 的临床医生给我们留了些余地吗？他们是否考虑到了这种环境所产生的压力水平？他们是不是擅作主张给我们中的一些发了“免死金牌”，只是因为金融环境不太好，好让我们继续留在这里工作。

我几乎看完了所有辅助人员的单调乏味的评估结果，给了简洁的总结。按说工作已经结束了，现在我可以回家开瓶酒了。一瓶凉的，或者两瓶。我也可以平和地吸烟了。但在我决定把它们全部放回去之前，好奇心又刺激了我。

我翻到文件底部，把我的评估翻出来。我盯着它看了一会儿，在想自己是否有足够的信心打开它。我就那么把它放在那儿，放在一摞文件上，旁边是名单，等着自己获取足够的力量。我巨大的防御系统藏在了某个地方。我把它藏在哪儿了呢？

我还是没有打开它，又把它放回临床工作人员文件的下面，然后脱掉鞋子。我一想到要看到结果就受不了。我把其他的评估放到地板上，脱下外套。搭了一个小窝，外套当作枕头。从我所收集到的其他评估结果来看，这是件比其他都更有趣的事情。我正打算拿朱莉的评估来找乐子的时候，有人敲了我的门。

“是我。你还在吗？”我从地上站起来，给大卫开门，“你在地上干吗呢？”

“嗨。只是蕾切尔让我帮忙做一些额外的事儿。”我甚至不能告诉大卫，我有这个机会拯救自己。我不能承认，我计划给自己的评估做总结的事情：“你在做什么呢？”

“我正要回家。只是想来告诉你，你的团体没什么事。不过，你可能得查查肖恩的药物问题了。他很不正常。”

“好的，我会的。谢谢你了，大卫。”他关上门，我朝他挥手再见，然后把注意力又放到了朱莉的评估上。

我调出她的简历，浏览所有的粗体字。住址上东区、高层，邮编10021。她把她的平均学分也写在了简历上。**太无耻了**。她大学毕业的时候，我还在论文答辩。她才28岁。硕士学位临床工作人员，在泰弗洛斯工作两年。她在这之前的最后三份工作是做住宅项目。没有一份超过六个月。我看到了两个绩效评估的副本。第一次是在朱莉六个月的试用期之后，另一次是一年后。一切都看起来很好，在大多数项目中，她得了三分或四分。不过评语是我感兴趣的部分。

与病人的互动不专业。不恰当地使用拥抱和身体接触。

能力水平有待提高。

临床文书中使用非临床语言。

可在小组会议期间观察其他临床工作人员。

注意：请不要在任何临床文档上使用笑脸符号。

哈哈哈哈！我真不敢相信，一年前她就被谈话了，现在还表现得像个啦啦队员，在单位里搞女生联谊会。**太好笑了。**

她的评估总结起来说，就是“平凡”。就像她的其他方面一样。没有什么值得注意的，也没有什么病理学上的问题，除了愤怒。面谈总结指出，她性格活泼，可能不适合这个领域工作，但结论是适合维持目前的工作。也许我该拿个粗的黑色笔来改写这个结论。在面谈总结的最后，我发现了另一个点。

轴1　诊断：无（排除焦虑）

轴2　诊断：无（过分戏剧化，人格失调部分过高）

精神病医生认为她有焦虑和歇斯底里的倾向。弗洛伊德肯定会**喜欢**这个鸟人的。我把朱莉的评估抛到一边，继续浏览咨询师的。我一直在做笔记，以防遇到什么有趣的事情，但特拉维斯和Dr. 布鲁克斯似乎让一切都变得专业，例行公事的样子。只时而出现个关于谁的缺点或个性特征的小插曲，可能会有问题，但目前还没有人被认为不适合当前的工作。

在看加里的文件之前，我来到员工休息室，准备再来一杯咖啡和一包M&M豆。加里是我要看的最后一个主管级的，然后我要看精神病医生的，再然后是两个心理学博士：大卫和我。

我跳过了加里的简历，粗略地看了一下他的工作经历和绩效评估。评分大多为三分。平均水平，没什么特别的。看到他的评估和面谈摘要时，有趣的地方来了。

强烈的不适和焦虑，与完成心理评估和测试有关。

每次评估和面谈过程中，有出汗和呼吸困难情况。

经常要上厕所和喝水。

总结：评估无定论，回答模式不稳定，控制响应不一致。

适合继续工作，调整岗位：建议加强督导和继续教育，减少病人接触。

轴1　诊断：广泛性焦虑症。

轴2　诊断：无。

我想我们不都是安全的。特拉维斯和布鲁克斯必须谨慎地对待临床工作人员。当我即将看自己的评估时，心又开始颤抖，不再相信自己可以逃脱。我的手心在冒汗，我很快地看完了精神病医生的。显然，特拉维斯和布鲁克斯关照了他们。这帮医学生们总还是会相互支持的，所以在评估总结中，除了过分的赞扬和工作出色，没有其他的。无耻。我把这些文件夹放到了其他文件夹的上面。现在只剩两个了。

我慢慢打开大卫的文件夹，小心翼翼地不让他的档案沾上汗渍或巧克力渍，破坏我最好朋友的临床声誉。那个傻傻的，一头乱蓬蓬的头发，参加大学生联谊会的男孩，他会歪着嘴笑，我懂并且爱的那个并不只是工作中的大卫。他没有隐藏真实的自我或者伪装——他只是有能力展示或隐藏自己的专业形象。

大卫的档案，一切都是完美的。即使是他的签名也是完美无瑕的。他的五分与我的不相上下，我从来没有想到他跟我一样优秀。他的评估总结，底部的建议几乎是不加掩饰的赞美。即便他工作很出色，也要给点否定的声音吧。我还以为我是这里唯一拥有这种名声的人，我以为我才是黄金女将。他应该迷倒了 OMH 的医生吧。他的评估和面谈总结，都是赞美和无诊断。太不公平了吧。

我从袋子里摸出一颗闪亮的黄色的 M&M 豆，捏了片刻。在我收拾东西准备回家前，只留下一个评估没有读，我把手指上沾的巧克力涂在了大卫的评语前面。**不那么完美了，吧?**

12月21日　晚上9：46

我蜷缩在卢卡斯公寓的沙发上。冰桶里放着一瓶夏布利酒，看起来比我的房租要贵得多，而且我很害怕把水渍留在桌子上。我穿着深蓝色的袜子，我不想让它们在他的奶油色沙发上留下小绒毛。显然，我不属于这里，这里让我非常不舒服。

他住在一幢半酒店半公寓的建筑里，他可以使用所有的酒店设施——包括客房服务员。一个清洁女工每天都会过来，所以一切干净得闪闪发亮。他的镀铬家具很有光泽，白色的地毯也很蓬松。

卢卡斯之前出去购物了，现在正在我面前试衣服，跟一场时装秀似的。他想让我帮他挑一套最好的衣服，参加一些我没被邀请的新年酒会。**哦，萨姆，我想带你去，但你知道这些舞会有多无聊。我不想让你痛苦。**我敢肯定，他还在记恨几周前和他同事们吃的那顿晚餐，当时我没有配合他好好地笑。

"还有这件，"他一边说，一边从他的步入式衣橱里走出来，"是阿玛尼的。我很不喜欢它的尖顶翻领，但这件剪裁得非常完美，而且拼接也很漂亮。"

对我来说，它看起来就像另一套深色西装，就像挂在他那闪亮的、光线充足的衣橱里的30套深色西装一样。“这一个和上一个有什么区别？”

“嗯……首先，这件蓝色的。”

“但你穿的是黑色的皮鞋。你想一起穿黑色和深蓝色？”我从沙发扶手上拿过来一条羊绒毯子，盖在我深蓝色的袜子和老海军牌牛仔裤上。

“你看不出这些西装的不同吗？这件的质地跟其他的完全不同。来——”他靠近我，让我感受一下，“摸一下。另外一件就轻得多。”当他走近的时候，我看到了挂在袖子上的价签。单是这一件就3600美元。我用运动衫擦了擦手，才碰了他那套昂贵的衣服。

“哦。是，是很好。”小牛走进房间，跳起来坐到我的腿上。我觉得比起卢卡斯，它更喜欢我。

他继续向我展示各种西装、衬衫、领带和袖扣。他根据不同的风格搭配不同的组合。他回到衣橱里，继续和我说话，我听不清他在说什么，但间歇性地喊着“嗯哼”或者“真的吗？”让他认为我的注意力还在他那。我在脑海中描绘着我的评估，像大卫的一样好。但我知道那是不可能的。小牛又开始舔酒杯边缘，于是我让它和我一起分享我的夏布利。

“这一件，”他走出衣橱，“就是这件了。”我再一次觉得，看起来和其他的完全一样。他的鞋子看起来比他的脚要小，腰带也没有系上。

“就是这件了？看起来很不错。你脸上的可卡因看起来也特别好看。”

“脸上的什么？”他拼命地用双手擦他的鼻子和嘴，然后看手掌，是否擦下来了，“我脸上没东西。”他迅速转身走进浴室，用一条小毛巾擦脸。

“我以为你说过，不会再做那件事情了。”我把自己廉价的围巾围在脖子上，开始把我的东西往包里装。

“萨姆，我没有吸可卡因。我不知道你在我脸上看到的是什么，但肯定不是可卡因。”

“好吧。你穿上脱下恨不得是曼哈顿所有的西装了，还能一直滔滔不绝。这些能量，肯定是因为下午的浓缩咖啡，是吧？”

“我只是兴奋。只是对我的新西装有一种很正常的兴奋。但是，你非要从中大做文章。你不能只是为我高兴，帮我挑选一些东西。你必须强迫我成为你的病人，让我看起来不舒服，这样你就可以拯救我了。像以往一样。”他总是能非常快速地扭转局面，推卸责任。

“你的药柜里有一个处方瓶，上面是别人的名字，还有你用来让你爽的‘用勺舀’。就在那儿，你个白痴。”我走过他的壁橱，穿上我的外套，壁橱的镜子里映出的是一小袋可卡因，里面有一个小金勺。“所以，除非你最近把你的名字改成了迈克尔·萨姆纳，你需要用羟考酮来减轻痛苦，或者手术后用，不然你依然是个骗子，依然是个瘾君子。圣诞快乐，混蛋。”小牛跟着我走到门口，冲着我使劲摇着尾巴。我弯下身来跟它吻别。我真希望我能把它带走。

“你要走？你是个什么东西——圣人？现在不能忍受跟我在一起了？就是可卡因，萨姆！”他尖叫的声音被我砰地关在了身后。我冲出去后，以前会在走廊里停下来。我会等他出来，拉住我，跟我道歉，并承诺改变，承认他是一个骗子，但发誓要做得更好。我径直朝电梯走去。他从来没有追出来过。

12月22日 上午11：34

理查德坐在病人椅上，我们仍然无所进展。他会在周四出现在我的办公室里，是因为这个周末是圣诞节，一半的员工休假，所以团体治疗不会像往常一样进行了。他今天上午来的时候，那摞评估文件夹引起了他的注意，因为它们堆放在他通常放报纸的地方。他扫了一眼，讥笑了一下，然后把他的帽子放在了窗台上。我一直在看评估表。我一直在逃避完成最后一个文件，我的文件，从那天以后它就一直在我的脑子里。加里的档案，甚至朱莉的档案，都充满了专业的精准和实际的建议，而不是仅仅掠过并标记每个人的能力，我坚信我是安全的信念动摇了。

理查德今天又和我说话了，但还是没什么有用的东西。他说天气，说这是多么适合捕鱼的好天气，但是这个城市对鱼来说太吵了。他描述了这个城市年轻时的样子，那时它是那么的坚韧不拔，充满个性。他说现在一切都变柔软了，只有百万富翁才能在镀金的游乐场里玩耍。他称之为"柔软的手"。那些从来没有做过诚实工作的人，那些不值得拥有金钱的人，不配拥有这座城市。他告诉我幸福不是来自金钱，我问他来自哪里，他回答："我怎么知道？"

"这个城市曾经有过一段时间，人们昂首阔步地走在街上。在股市崩盘之前，大楼倒塌之前，每个人都没那么痛苦，而且也不都是娇生惯养。这些天，你听说了一个孩子的事儿没？那个孩子在学校注意力不集中，他们说他有一些疾病，不能集中注意力。所以他们把他安排到一个特殊的班级里。直到后来，他们给他吃一种特殊的药帮助他集中注意力，简直是胡扯。完全不顾孩子到底出了什么问题，一厢情愿非要让孩子振作起来集中注意力？这够得上对孩子人权的践踏了。"

在理查德找到了他的讲台时，我听到走廊里传来一阵轰隆隆的响声。不像在我们下面的火车，或建筑噪声，而是某种干扰。我一只耳朵贴着门，三心二意地听理查德继续他的长篇大论。

"父母有成堆的钱，他们坐在家里，雇用保姆和管家来抚养孩子。我跟你打赌，爸爸们甚至不知道孩子的名字，妈妈们正变得越来越胖，然后想方设法地抽脂，而且——"

理查德还没有说完，对讲机里警报的尖叫声在我的办公室里响起，发布了在单位二楼有蓝色警报。警笛反复响起，一个惊慌失措的机械声音重复着"蓝色警报,蓝色警报"。我没有向理查德解释发生了什么，就飞出了门，跑进走廊。我跑下楼梯，看到一群病人和工作人员，围在引起骚动的周围，乱糟糟的一片。在人群的外围，病人跳着往里看，猜测到底发生了什么。

我抓着那群人汗湿的肩膀和浴衣，把人推向两边，挤到了中间。面前的地板上，一个护理员正在给阿黛尔做心肺复苏。一些女病人哭得歇斯底里，另一个护理员在给她们提供氧气。在阿黛尔旁边的地上有一个篮板，一直被受惊的病人踢来踢去。其他临床工作人员也在人群中。加里看见我了，我赶紧用左手打了个叫直升机的手势。

“都散开，加里，过来帮我。”加里冲我点点头，开始疏散他周围的人。给女人提供氧气的护理员长得很高大，我想他可能是卡尔。

“卡尔，帮我把这些人弄出去。人太多，阿黛尔没法呼吸。”

“卡尔。”

“对不起，卡尔。麻烦你帮一下我。”卡尔站了起来，比我认为的还要高大。他的光头在荧光灯下闪闪发光。他张开巨大的像大猩猩一样的手臂，一下子就揽住了五个人。但他的声音并没有像我想象的那样大，他要求病人们向后退。

“大家都回去！谢谢你们的关心，但我们现在需要清理这个区域。请回到各自的房间去，或者去别的地方。”我把双手举过头顶，大声吼叫。随着加里和卡尔帮助护送病人离开，人开始变得稀少。我听到外面传来救护车的声音。

“发生了什么事情？”雪莉惊呼的声音出现在我耳边。

“我不知道。阿黛尔昏迷了，特里正在做心肺复苏。我之前听到一阵骚动，但我不知道她是怎么变成这样的。”

“惊厥。”加里回来了，告诉我们，他刚赶走了一个穿着睡裤和衬衫乱晃的病人。“她在我的团体治疗时，突然发作。我让泰勒去叫蕾切尔，她发了警报，然后叫了救护车。”

“她有癫痫？”雪莉问道。

“我不确定，毕竟她至少有 90 岁了。”加里说，仍然面对着另一条路，“救护人员来了。”

天哪——奥氮平。

我和雪莉转过身，看到蕾切尔和两个急救人员带着巨大的医疗包和氧气罐快速跑进走廊。蕾切尔把档案夹在她硕大的乳房上。

特里看到急救人员的医疗包放到他旁边的地板上时，他抬起头来："她还有呼吸，但很弱。有微弱的脉搏，已经降到 75 了。"

其余的工作人员和尾随的旁观者退后，让医务人员接手。我们继续让围观的病人离开这片区域，聚集在一起，安排在电梯前的前台处。蕾切尔把胸前阿黛尔的病历拉出来查看时，她硕大的乳房上露出了巨大的月牙状的汗迹。

"谢谢你们的快速反应。天哪，我真是害怕发生这种事。"蕾切尔对着文件看的时候说，"我现在还有检查病人的一些其他临床事情要做，你应该知道接下来的时间里会一团乱。"

我止住了呼吸，担心蕾切尔会说阿黛尔的药物是造成这一切的原因。

"一团乱？"加里问道。

"发生这样的事，很多病人往往会受到惊吓，我们通常在接下来的时间里，要确保每个人都没事，处理所发生的事情。今天晚些时候要看阿黛尔的情况……你懂的。"雪莉解释道。

"是的。我还没有想到这一点。"蕾切尔转向技术人员喊道，"没有癫痫或惊厥病史的，举手。"蕾切尔关切地看着我。我举起手。

每个人都还是戒备的状态，耳朵嗡嗡作响，头在颤动，还在出汗，气喘吁吁。门卫萨尔带着四瓶矿泉水走过来。

"谢谢你，萨尔，你是个救生员。"蕾切尔说道。

“不不，这些是救生员。”她说着，向急救人员的位置点点头。

我们喝着水，看着急救人员把阿黛尔虚弱的身体挪到轮床上，在她身边挂上一袋液体，然后拉紧她脸上的氧气面罩。他们慢慢地从我们身边走过，按下电梯上的按钮。蕾切尔走过去，和他们交谈，我们能看到的只是一连串的点头和握手。不可能是我的用药问题。电梯开了，又关上了，阿黛尔被带走了，穿着紧身裙和毛茸茸的冬靴的蕾切尔，抱着胳膊回到我们身边，她慢慢地舒了一口气。

“她的情况已经稳定了，但谁知道呢。90 多岁了，所以我们得等着，等她说发生了什么。有更多的消息时，我再告诉你们。再次谢谢你们冷静的头脑和快速的反应。回到我们的工作里吧？检查好你们的病人，确保他们的精神状态没问题。也许今晚我会安排一个游戏之夜，或者看电影什么的……”她走了，朝特里和卡尔走去，他们一直站在电梯旁。蕾切尔握着他们的双手，在他们说话的时候，不住地点头。

雪莉、加里和我慢慢地走到后面的楼梯，默默地回到我们的办公室。当我们打开三楼的门时，一群病人在等我们回来。我们听到一声刺耳的“发生了什么”，我们每个人都带着一些人回到团体治疗室或休息区。

我需要回到我的办公室，检查档案，找出我对阿黛尔的用药。在我添加奥氮平之前，我有没有把她的利培酮拿掉？我敢跟理查德说刚才发生了什么事吗？想到他们的友谊，我不知道他会如何反应。

精疲力竭，我推开门，理查德的椅子空了。

第二部分

疯子的秘密花园

12月27日　上午8：37

独自过圣诞那种无法忍受的孤独已经过去了，休假的工作人员也回到疯狂的工作中，我只有一点时间来面对我一直逃避的一件事儿了。我盯着我的评估，不确定自己是否想要打开它。我需要在蕾切尔怀疑之前，把总结交给她，最好在这周内。没有比现在更好的时机来读这份评估了，但我能感觉到我头疼，耳朵里像针扎一样，我知道这不是最好的心理状态来阅读我脆弱的心智。

我把它藏在办公桌抽屉里，然后喝了杯咖啡，缓解了一下神经，顺道中和了一下残留的酒精。拿了“会议中”的标示贴到门上。那份评估在盯着我，就像床下的怪兽。害怕，惊慌，会受伤害的恐慌。我从来没有看一份文件像看这份一样。但知道总比不知道要好，这样我才可以研究如何减少伤害。

我把它从我那凹陷生锈的灰色文件柜的最上层抽屉里拿出来。有些纸张是整齐地塞在里面，有些有卷曲的边缘戳出来，让我很生气，因为看起来马虎、不专业。我把那份吓人的文件放在桌子上，看着它们，直到我屏住呼吸。

我打开文件夹准备开始看结果，手指和嘴唇都在颤抖。胸中涌起了巨大的恐惧，膝盖不由自主地抖动。**拜托，让我通过吧**。我的眼睛不时地模糊不清，因为眼泪一直积聚，然后落下，我难以保持冷静。从我嘴里发出的微小尖叫声开始歇斯底里，头也在一跳一跳地疼。**拜托，让我通过吧。**

我胡乱地翻看文件，翻得太快，内容都没有看全，但我无法屏蔽看到的结果。我看到像“工于心计”和“不稳定”这样的词。我看到“关系混乱”和“冲动”这样的词。我看到“疯狂地努力避免被遗弃”和“可能酗酒”这样的句子。我看到“极端情绪障碍”，“与评估结果一致”等结论。**拜托，不要这样！**

一定是个误会。这不是对我的评估。不会有人认为这些描述的是我。我的双手无力地垂在身边，头靠在椅子上，这个结果强烈地冲击了我。我感到困在沉重的诊断之下，我无法逃脱。

我想象各种后果。我会变成什么样子？我对自己有危险吗？我对别人有危险吗？我会被直接解雇，降职还是礼貌地被要求找到新的更合适的工作？如果我是泰弗洛斯最有价值的临床医生，他们能否失去我？

我仿佛看到生动而丰富的画面：蕾切尔召保安过来，看着我清理办公桌，看着我走出门。我看到训练有素的专业人士检查我的手提包，以确保我要带走的东西里没有偷的。画面在肮脏的天花板上放映，我必须使劲地揉眼睛，才能停下来。

如果有人发现这个，我就完蛋了。在泰弗洛斯完蛋了，声誉毁于一旦。我所做的一切都很难实现了——我为自己创造的名字，人们看我的神情——一切都将消失。

当这些吓人的想法在我脑海里跳起来的时候，我想爬起来，但我从办公室的天花板上看到我自己，就像在拍电影，剧组人员使用了广角镜头。咖啡喝起来不像咖啡的味道了。我看到我的胳膊正把杯子举到我的嘴唇上，但就像不是我在喝。当我把脑袋放进垃圾桶时，我看到我的头发从脸上掉下来，但我不觉得自己是在呕吐。

我迷迷糊糊地走到走廊，向员工洗手间走去，这样我就可以继续吐了。“发生故障”的牌子仍然竖在门口，我再次走进来，没有什么想法。颤抖的手臂抱着马桶，猛烈地吐入灰水中。呕吐没有带来任何缓解，疯了的感觉依然在我身体里蔓延。我看到我和病人之间存在的那条界限，与马桶中的积水和呕吐物混合在一起，在我要冲掉所有的东西时，堵塞让水溅到了我的脸上。

我跳了起来，擦着污渍和眼泪跑出洗手间时，几乎撞到萨尔。

“萨尔，你好。呃，厕所有点问题。”我指着门，希望他没有看到我的眼泪。

“你好，医生。你可以去团体治疗室里打个报修电话。”他摸着鼻子，指着一个方向，“或者，你知道怎么用活塞吗？”

“当然，哪里可以找到？”

萨尔从腰上的一个大钥匙圈里解下一把钥匙扔给了我：“从门卫的柜子里拿一个，记得还的时候再锁好柜子，把钥匙放在安检台上就行。”说完这些后，他匆匆地走了。我看着他走向大厅，看着自己走向门卫室。眼睛好像已经脱离身体了。

12月27日　上午11：22

理查德已经在我的办公室里坐了近半个小时了，但感觉就像刚刚走进来。他在看他的报纸，但我怀疑他只是假装在看报纸。我害怕他会透过我的头骨壁看到我的想法，他就会知道发生了什么。我感觉到我的心理评估表就在我的办公桌里，发出那些关于我的刺耳的诊断，我想做的就是把抽屉一遍又一遍地关上，直到它闭嘴。

我不是我了。我要从新的角度看，用新的耳朵听，用新拳头砸桌面，我在哭别人的眼泪，我在擦别人的脸，我看到理查德看着我，我希望这一切都只是一个梦。

“你有什么不开心的事情还是发生了什么？”理查德那让人厌恶的声音响起，“你生病了？”

“生病？没有没有，我没生病。”

“你看起来好像生病了，而且看起来需要帮助。”他把报纸折起来，看着我。

“谢谢，我会照顾自己。”从他的身上抽离思绪，我开始自我崩溃。

“你没必要害怕我，”他说，“我不会伤害你。”

“我没害怕你。我看起来像是害怕你吗？我看起来像是在乎你怎么看我的吗？像吗？”

我抚额。我不想再尝试做什么了，也不知道该如何伪装了，就让事实像子弹一样扫射我吧。跟他无关，但他就像正在超速行驶的车一样，会带来间接伤害。

“你肯定有事儿。”他并没有被我的暴怒吓到。估计他以前可能也见过这种情况。他并不担心他的治疗师在他面前暴露。“别担心。没事的。你没必要一直扛着所有的事情。”

“我当然要这样，”我严厉地回应，“我的工作就是所有的事都得扛起来。我的生活也应该……我就是应该扛起所有的一切。”

我无法阻止流淌的眼泪，无法阻止鼻涕从左鼻孔流下来，滑下我的下巴。我无法阻止胸口抽疼的节奏，或者额头上的青筋暴起，就像要挣脱皮肤一样。我无法阻止我的拳头紧握，就好像握得足够紧了，所有的事儿就不存在了。

我无法控制自己，我无法阻止理查德看到这一点。我的衬衫领子湿湿的，黏在脖子上，让人很难受。理查德终于礼貌地闭了嘴，我只想让他离开，这样我就可以抱着垃圾桶吐了。

我听到办公室外，团体治疗室的门关上的声音，所有的声音都被关在门后了。我轻轻打开门，示意理查德离开。我低着头，以防经过的路人看见崩溃的我。

理查德看着我，看着敞开的大门。他伸出一只户外靴，轻轻地把门踢上。

“时间还没到。”他很仁慈地回头看他的报纸，不在意我的状态，“而我是唯一一个，让你可以放下一切的人。”

我无法为自己辩解，我甚至忘了要辩解。我放弃面对这种情况。我假装理查德不在这里，他似乎也在假装，我也不在这里干扰他安静地阅读。

当我完全无视他的时候，我试图让所有的脑细胞都想着发生的事情。我不是我以为的超级英雄。我不是我一直假装的那个黄金女将。手肘撑在办公桌上，手支着头，我偷偷地瞟了一眼理查德的脸。**你才是疯子，我不是**。但我看到划分我们的那条界限在嘶嘶作响，消失，我看到他精神正常，而我是精神病。

我瞥了一眼时钟，看还要和他坐多久，电话铃突然响起，吓我一跳。

“你好？我是萨姆·詹姆斯。”

理查德放下报纸看着我接电话。

“是我。”蕾切尔在电话里叹气。

“怎么了，蕾切尔？”我同时在蕾切尔和理查德面前表演，我觉得就好像有一盏聚光灯打在我脸上一样。

“OMH 报告的进展情况如何？你的总结写完没有？布鲁克斯和杨两个星期前就给了我他们的报告，不能再拖了。如果你还没有审查完，我就得自己做了。”

“我差不多完成了。完成之后呢，把它发送到 OMH，还是给你？还是？”我把抽屉里的文件拿出来整理，把记的笔记跟它们放在一起。我还没有决定如何处理我自己的报告。我应该怎么做？说实话？或者像个混蛋一样在政府的官方文件上撒谎？

“你完成之后，把所有的文件和总结放在我的办公室。我今天早上接到了 OMH 代表的电话，其他纽约市的单位和病房的所有总结都提交了。我们不能再拖了，会让我们看起来不称职，这样会进一步影响我们的资金。”她的声音筋疲力尽，懊悔不已，似乎后悔让我接手这件事。

“好，没问题，我马上给你。”

她长长地呼了一口气，没有说再见，挂断了电话。我继续抱着听筒，假装蕾切尔还在说话，不让理查德觉得她挂了我的电话。我假装欢快地说再见，轻轻地将话筒放回去。他的脸上没有任何表情，然后看了我们面谈的最后 5 分钟的报纸。

12月28日　下午3：20

蕾切尔要召开紧急会议，下午四点，她几乎从没召开过紧急会议。在那之前我们必须尽早结束各自的团体治疗或者面谈。会议的内容是就工作人员进行讨论——关于什么，我不知道。OMH评估？我要在全体员工面前暴露了吗？是要彻底地让我放弃，并告诉我不适合治疗病人？我还没有给蕾切尔总结呢。她有可能知道吗？她一直都知道我的诊断吗？

几分钟就像几个小时一样难熬，我每十秒钟就检查一次时钟，想让时间快点儿过去，这样我就可以快点儿受完羞辱，淹死我的悲伤。敲门声响起时，我的心脏差点儿停了。一阵恐慌的急速的敲门声。在找不到任何理由不开门之后，我打开了门，朱莉站在我面前——她拖着脚步走进我的办公室，跌进我的病人椅，瑟瑟发抖。

“怎么了？”

“我们的会议。我们要开的会，蕾切尔要解雇所有人。”我有点蒙，想要厘清头绪。

“你到底在说什么，朱莉？谁被解雇？”**天哪，我就知道，来了，**

来了，大家都知道了。

“我从大卫那里听说，他和他在OMH的朋友通了电话。他们做完评估后，如果有人不通过，我们都会被重组和解雇，这种事以前发生过。”朱莉很震惊的样子，好像她失去了这份工作就无处可去一样，她有比大多数大学获得的捐赠基金还多的基金，她的脚会稳稳地穿着她的莫罗·伯拉尼克鞋子。但我不应该知道这些信息，所以我继续演戏。

“你的评估很好。你不会有事的。冷静。”我转过身说。她不知道我是写总结的人。

“不，不好。一点都不好，我知道我在工作中的表现有待提高，我的续约也被推迟了。”

“朱莉。停止你的恐慌和胡思乱想——什么都不会发生。我向你保证。放松些。”我应该适当地给她留点想象的余地，让她沉浸在她那些糟糕的病人档案中，如果我是老板的话，就不会这么纵容她。

“你很棒！你不会有什么事，你可以处理好一切。蕾切尔也欣赏你，所以你没什么好担心的。”朱莉在奉承我，“但是我……”

大家都相信我是优秀的，这也是我想让大家相信的。我已经在我的同事面前树立了这种形象，但现在我要被暴露了，所有人都会知道。

“我一点儿都不好。”我竭力辩白，但是永远也不会告诉朱莉真相。

“哦，不管怎么样，你不必担心被解雇。”她叹了一口气，从椅子上滑到了地上。裙子的下摆刮在了椅子边上，我都能看到她的内裤。她把头靠在散热器上，揉搓着太阳穴。她的内裤是粉蓝色的，我很惊讶。

大卫透过墙壁听到我们的对话，来敲门，加入恐慌的队伍中。他把朱莉拉到一边，自己坐进椅子里。他的裤腿被微微拉起，我看到了他的袜子很不搭。朱莉正在利用这种让人困扰的情形，让自己异常轻浮的举动显得合情合理，这一点我很熟悉。她靠在大卫的腿上，他轻轻抚摸着她的头发。我再次面对这两个货色。

“你们都没有什么可担心的，”他安抚着我们，“我确信这个会议与任何人被解雇无关。”朱莉用迪士尼公主的眼睛看着他，我想把我的订书机扔到她的脸上。“我在 OMH 的朋友，他似乎认为是资金有问题，所以也许蕾切尔和我们谈的是这个问题。也许会裁员，但我想，那些行政服务类的会最先被裁掉。不要本末倒置。”

大卫在说这些话时，我在神游，某一刻，我突然意识到，我非常嫉妒大卫和朱莉在这一刻的互相安慰。我没有追着别人索问的权利，没有别人的大腿，没有人抚摸我的头。为什么他们互相安慰而不是跟我？大卫是我最好的朋友，朱莉想成为我最好的朋友，那为什么他们排除了我？我是否应该感到高兴，他们都觉得来我的办公室感觉更好？难道我在这里，就是为了帮助抚慰他们吗？为什么没有人抚摸我的头？

大卫看了一眼手表，轻敲了一下表盘：“我们走吧，女士们。还有 2 分钟就开会了。”他把朱莉从地板上扶起来，我给他们开门。我真想伸出脚绊倒朱莉，让她的嘴巴磕在地上，牙齿矫正也玩完，然而我只是平静地关上门，走去大厅。

现在我们正在开会，显然有几个派系已经在办公室里猜测过将会发生什么事。蕾切尔蜷缩在会议桌前头的一堆文件后，每个工作人员都坐在离它们很远的地方。

我坐在大卫和雪莉中间，朱莉坐在大卫的左边。我还有点儿轻微的眩晕，我没有被抚摸，头也没有在办公室里被轻拍。但即将到来的压力，让我摆脱了被冷落的烦恼，我试着去解读蕾切尔。她没有看我们任何一个人，这意味着我们集体做了一件可怕的事情，而且她要来讨论惩罚，或者是宣布让她想捅死我们的，她都不想听到的消息。

我正在为自己不可避免的出局做准备。恐慌在我的胸腔里升起，我必须不断吞咽才能压下去。我在等蕾切尔开口，然后看着我。我在等她在会议结束后，把我拉到一边，并解释说她无能为力。我正在等待她使用 DSM 诊断标准，对其他员工解释，为什么我不适合治疗精神病患者的问题。

终于，在好像过了几个小时的鸦雀无声之后，蕾切尔开始讲话。我搭在椅子上的指关节开始泛白。

“谢谢大家今天来到这里。我知道我必须得说了，我知道你们一直在努力工作，我非常感激。我很遗憾地要告诉你们，将你们聚集到这里是要分享一个不幸的消息。”我听到朱莉急促地吸了一口气，抓住大卫的胳膊，立刻让我的脑袋轰的一声，脖子也开始冒汗。

“你们所有人在这里都待了很长时间，知道有时候我们会遇到无法帮助的病人。你们都见证过我们悲哀的一面，今天又有一个例子。我很抱歉，同事们。艾迪死了。”

房间里响起了此起彼伏的喘息声。空气突然变得热起来，我们目瞪口呆，环顾四周，相互寻找答案。一股潮湿的冲击像一块板砖一样砸向我，我跌回到椅子上。我想为这次会议不是关于我而感到宽慰，但我做不到。

没有人知道该说什么或该怎么做。朱莉的手握着大卫的手，大卫转向我。他的脸是坚忍的，但他的眼睛满溢着泪水。他把手从朱莉手中抽回来，双手放在我的膝盖上。他垂下目光，越过他的肩膀，我看到朱莉转过身去，用手捂住脸。大卫和我与艾迪有着某种别人没有的连接，虽然我们把他当成是我们的一个理所当然，但现在我们再也没有机会了。我想起，他拖着他那没有鞋带的运动鞋到我的办公室，想要和我说话时。我说一小时后见他。

他一直依赖我们，而我们让他失望，我们没有想我们应该拯救他，只是在彼此间找安慰，并默默地说我们没有什么可以做的。

“他是自杀。”蕾切尔继续说，“昨天晚上门卫萨尔在门卫室里发现了他的尸体。他和他的房间里没有任何信息，但我们相信，根据他以前曾尝试过自杀的行为，很可能是自杀。”

加里再也控制不住，突然大哭起来。他的邻座们安慰他，说他也没办法阻止艾迪自杀。我把湿冷的手放在大卫的手上，他抬头看着我，好像我们已经100岁了，一切都很了然的样子。

蕾切尔一直在说话，并且说如果我们需要探讨对此的感受，可以去做个心理咨询。我们都好像根本没听见她说话似的。蕾切尔说她离开，让我们自己讨论，决定。朱莉立刻开始恐慌起来。她的呼吸变得歇斯底里，她在发抖，雪莉把她带到洗手间，让她冷静下来。我们周围的一切都是那么的快速、嘈杂和焦虑，但是我和大卫隐藏起来的情绪是缓慢的，平静的，安静的。

12月29日　中午12：47

已经过了快 24 小时了，艾迪的死讯还在我耳边响起。我感觉自己是麻木的，迷失了方向，很难集中精力做任何事。事件报告已经归档了，我不知道自己能不能看。如果我把真相归结于悲剧，会不会更容易呢？我会不会好过一点儿？

我把自己从椅子上拖出来，沿着走廊走向档案室。一名护士正倚着复印机，制作传单广告，上面印着“追悼会”三个字和奶酪及芝士蛋糕的图片，周五，在员工休息室。我不会去。她给了我一个甜美的笑容，复印机闪烁的灯照亮了她洁白的牙齿。

我在负责记录的电脑上，敲下了自己的代码，走到病人的档案前。艾迪的档案很多，没有条理，事件报告单独放着，很是显眼，因为它是唯一一份没有磨损或边缘皱起的文件。我没有看，直接复印，然后把原件塞回文件夹里。

这份两页的报告让我感觉很沉重，我砰的一下坐在办公室的地毯上。他的名字是爱德华·“艾迪”·威廉·贝利。死亡带来的感觉使阅读变得更加困难。他的生日和他去世的日期都写在了一起，我不知道他才 41 岁。几年后我也 40 岁了，我不敢相信一个人的生命在这么年轻的时候就会如此糟糕，然后死去。

我感到战栗从我的肩膀开始，顺着手臂在颤抖，然后从两颌到下巴。泪水已经涌上了我的眼眶，我仿佛听到了艾迪嘶哑的遥远的回声，可我再也听不见了。我再也不会把他没有鞋带的运动鞋推出我的门。我再也不会跟他说我没有时间。还有很长时间的再也不会，可我没有机会了。我的胸口起伏，我眨掉眼泪，继续读报告。

事件报告不是尸检，不会有验尸官签字。这只是在发生重大事件时提交的附加文件。重大事件包括：打斗，紧急医疗事件，或者是威胁，或者是自杀。我的手指摸着纸，眼泪快要掉下来。死因是自杀。在描述中，我读到了蕾切尔在会议上没有向我们公布的内容。艾迪是上吊自杀。他撬开了拖把上连接拖布的金属片，拉出那些长长的灰色的拖把布，把它们绑在一起做成了绳子。他把一端系在门卫的柜子里，另一端挂在了脖子上。

他被发现时脚在拖把桶里，双手插在口袋里。他的膝盖抵着桶的边缘，喉咙周围有紫色的勒痕。死于窒息。他的脖子没有被折断，他是一点点没有呼吸死去的。他慢慢地看着柜子里的黑暗，甚至没有和死亡的阴影搏斗。除了被拆的拖把，其余所有的物品都没有动过。他什么也没碰。他可能不想让任何人在他身后收拾残局。门上的锁没有被撬的痕迹，也没有损坏，一定是有人没上锁。有人会为此承担责任的。

他独自一人死在一个黑暗的拖把桶里，头插在门卫的柜子里，因为有人没有把它锁上。

我突然头皮一阵刺痛，感到一阵恶心。天哪，是不是我借了马桶拔子忘了锁门？**上帝啊，我做了什么？**我瘫倒在地毯上，听到自己在呻吟，在乞求原谅。我立马对自己断断续续的抽噎感到尴尬，而且无法再继续了。

我脱下左脚上的鞋子，把它扔向门口。它以一个令人满意的姿势，砰的一声撞在门把手上，所以我把另一只也脱掉，扔了。我把手提包从椅子上拉下来，把里面的东西都拿出来扔。我把薄荷糖盒扔到了门的铰链上，小白球飞遍了整个办公室。我是一个混蛋！又扔掉一盒纸巾后也不能让我感觉好一点儿，耳机太轻不好扔。书！我起身拿起那本还没读完的愚蠢的小说，立马把封面撕掉，把书扔到墙上。然后又捡起来，开始撕书页。一开始只是一页一页地撕，后来抓住一本使劲地撕扯，愤怒地攥着撕扯——**艾迪！对不起！我应该一直耐心地对你。我应该一直陪在你身边。**

薄薄的便宜的平装本仍然攥在我的手里，我倒在地上，把头枕在手上，纸粘在我的头发上。我的胸口吐出了我最后的恐慌的呼吸，我咳了一口痰，吐入垃圾桶，稳定了情绪。我低着头喘息，再也没有机会道歉的难受渗透到我脑海中的每一处。我静静地躺着，一种模糊的冷静开始使我的头脑一片空白。

一阵轻轻的敲门声从门口传来，我抬起头看看是否出现了幻觉。敲门声继续——一个缓慢的，不断的艾迪式敲门声。

“艾迪？”我的屁股从脚踝上弹了起来，我爬起来给艾迪的鬼魂开门，想给他看我以他的名字命名的完美的地毯毛。大卫不动声色地走进我的办公室，低头看着我，睁大眼睛，忧心忡忡。

“萨姆？你还好吗？我在办公室里听到你的声音。发生了什么事？”

当我看到只有大卫时，我蹲在地板上，重新盯着地毯上的“艾迪”。我抚摸着那一块。

大卫和我一起坐在地板上，看着我在做什么。到处都是撕碎的小说和我包里乱七八糟的东西。鞋子扔了，围巾缠在椅子腿上。他一定以为我疯了。我看着他仔细观察这一幕。我不在乎。我不在乎他怎么想。

每次我触摸地毯上的“艾迪”，大卫都带着忧虑和不安看着我。他瞥了一眼我身后地板上的事故报告，看到我脚边一堆用过的纸巾。他拉着我的手，把我拉直。

“萨姆，发生了什么事儿？”

“小心点，别踩艾迪。”

“萨姆，艾迪死了。”

“这个没有。”我把手伸进垃圾桶，找到一个小塑料杯，我把它翻过来，盖到“艾迪”上，这样就没人踩到他了。

大卫坐到我的椅子上，用手摸了摸我的额头：“萨姆，你发烧了。你有药吗？”

“我什么事儿也没有，大卫。我很好。”我把他的手推开。我不需要他的照顾。

“今天没喝酒？我之前听到你哭了。你喝酒没？”

“没有。我似乎找不到我藏在这里的任何酒精。”我拉开抽屉底部的文件柜，在一个装满蜡笔的鞋盒下面翻看。

“今天你还有什么团体吗？”

“嗯，有个。还有个面谈。”我是一个专业人士，大卫。别像对小孩子一样对我说话。

“我能看看你的日程安排吗？”

“你知道在哪儿。别再打扰我了，我很好。”

他捧住我的脸，不让我低头看着“艾迪”：“你的办公室里发生了什么？看起来像飓风刮过。”

“我想和艾迪待在一起，确定他没事。”

“谁是艾迪，萨姆？”

我翻转了塑料杯子，指着下边的地毯毛。大卫深吸一口气：“你今天剩下的安排我来帮你做，好吗？你需要休息一下。”

“好。随便吧。你随便。”

大卫从我的打印机里拿出一张纸，从桌上的笔筒里拿出一支马克笔。写了“请勿打扰”几个大字，贴在了我的门外。他把撕碎的书页捡起来，扔进垃圾桶。然后拿起事故报告，把它弄平，放在我的桌子上，用一本精神病理学压着。最后他把我的鞋子整齐地排列在门的左边，把围巾从椅子下面解开。

大卫走到门外，稍稍半开，几秒钟后又回来，拿了一根香蕉，吃了一半的百吉饼和一瓶水。

“吃点儿东西，好吗？喝点儿水。你现在很虚弱。慢慢来。我会跟蕾切尔说一声。你先躺一会，然后振作起来，好吗？你似乎很难接受艾迪的事情。”大卫眼里的惊恐是我陌生的。我接受了这样的安排，既可以在办公室里继续安静地待着，又不耽误剩下的工作。

“好的，我会待在这里。你可以去带我的团体。”我开始觉得我是真的不再在乎了。

“我也有团体要带，所以我会找其他人来帮忙。但你不用担心或思考任何事情。我会处理好。照顾好自己。”大卫确定标示牢固地贴在门上，他关了顶灯，关了台灯。“如果你有什么需要，给我发短信，好吗？我晚点儿再来看你。”

大卫离开了我的办公室，我的眼睛肿得厉害。最后支撑我生活的两根弦，我的工作和我的理智，终于断了。我把外套脱下来，披在身上。把兜帽盖在脸上，看着地毯上的艾迪，陷入了不安的睡眠。

12月29日　下午5：11

我突然惊醒，意识回笼。发生了什么？是梦吗？艾迪还活着吗？我环视着办公室，看到还有之前的混乱残余。那就是真的了。

几点了？我擦掉下巴上的口水，看了一下手机：下午5点11分。大卫发了几条短信。隔一段时间发一条，但我没有设置铃声提醒。他一直在等我的新动态。看我是否没事，他告诉我，他跟蕾切尔谈过了，蕾切尔知道了我需要时间来缓冲。他们为什么不让我回家呢？他问我是否吃了百吉饼。我看着桌上的锡箔包装。在大卫的短信中，夹杂着一条卢卡斯的。自从一周前我抓到他吸可卡因，我就躲着他。他回家和家人一起过圣诞节了，也懒得邀请我，理由是我们吵架了。现在，他正在努力弥补，邀请我参加他的跨年酒会。当我读完这些消息时，我听到嗒嗒的高跟鞋声经过我的办公室，敲响了大卫的门。朱莉说出了她的名字，我听见大卫邀请她进去。我立即跳起来，几乎把鞋子绊倒，把耳朵贴在墙上，竭力想听到他们谈话的细节。

大卫开始："我跟蕾切尔说，她对艾迪的自杀感到心痛。她很理解。"

"真的吗？怎么回事？"我几乎可以听到朱莉把手伸向大卫的膝

盖，眼神恳求他，假装担心我的情况。**大卫，别相信她的鬼话。别跟她说什么。**

“她只是很难过。尽管艾迪是加里的病人，但他真的很喜欢萨姆。他总是到她的办公室跟她说话。她对他也很好。”

我听不到朱莉在说什么。我不确定是否有人在说话。他们在那里干什么?

“我今天拿了她一些病例档案，帮她接了一个面谈。”**什么?!** 我很愤怒！朱莉面谈了我的病人？她看了我的报告，看了我的笔记，我的档案？去死吧，**朱莉!**

像要撕掉头皮一样，我把自己从墙上撕下来。把脸埋在兜帽里，几不可闻的尖叫，渗入毛茸茸的衬里。我急促地呼吸，我需要冷静下来，这样我才能听到更多。

“她很棒，你知道的。她的报告绝对完美无瑕，临床直觉更是……令人惊叹。”**讨厌的女人。**

“我知道她非常有才华，是个非常优秀的临床心理学家。”**你也有份，大卫!**

“我有几个问题，因为——一些病人的药物问题。似乎有点儿不对劲。”朱莉继续说道。

等一下，今天是星期几？今天是星期几来着？我和理查德今天有面谈吗？上帝啊，请告诉我，今天朱莉不是面谈理查德。我赶紧翻日历，轻轻地，我不能让朱莉和大卫知道我在这里，我在听他们说话。星期四。感谢上帝。是面谈肖恩，带几个团体治疗。

我的头又开始疼了。我得去弥补她在我的团体里给病人灌输的那些愚蠢的废话。这些团体对她来说太高级了。她没有经验，也没有直觉来带这些团体。我不知道为什么大卫找了一个白痴。

现在他们又在说什么？我再次把耳朵贴在墙上。大卫在说话，还能听到移动和翻文件的声音。

“好的，我把办公室整理一下，待会电梯里见。你想去喝一杯，还是——”我觉得我的整个身体都僵了。

“去喝酒吧。我想聊聊档案的事。我读萨姆的笔记——我的意思是，我只是觉得我可能做得不好。她可能有不同的方法。我不明白她对病人的用药管理。”

“我相信你做得很好。”大卫给了她肯定。

“谢谢，我想听听你的意见。如果你饿了，我们也可以一起吃晚餐？”

从我的耳朵里开始——愤怒在扩散——慢慢地围绕着我的头骨，向我的眼睛前进。眼睛又热又疼，我觉得我的整个脑袋都变成了一个温度计，最终爆炸。我的肌肉紧绷着，左眼在抽搐。以前我努力不让这些感情伤害我，但我还是受伤了。这一次，就让它们来吧，让愤怒和羞辱把我击倒在地，我可以躺在地上，凝视着地毯上的艾迪，那是我的安慰之物和安慰者。

我从来没有想过，大卫会背叛我，所以真是不能相信任何人，甚至是你最好的朋友。你最好的朋友觉得你疯了，整天把你锁在办公室里，把你所有珍贵的病人和高级的资料，都交给他那不知情的，讨人厌的女友手里。真可耻！

我的肌肉和关节变得僵硬，怒不可遏时，我感觉到手机在振动，我都没有意识到我一直在紧紧攥着它。我把这个消息告诉了我的眼睛，是大卫的信息。

感觉好点没，萨姆。我现在准备回家。如果有需要，打电话给我。

如果有需要？我今天需要你，你抛下了我。你为了她而抛弃了我，你就是个两面派。

12月31日　晚上11：47

跨年夜，是一年中最被高估和令人失望的夜晚。特别是在纽约。来自世界各地的人聚集在这里，站在冰冷的严寒中，站在这个星球上最糟糕的地方，听着糟糕的音响里流行歌星和不知名歌星唱的歌，在跨年那一刻，看着沃特福德跨年水晶球降落仪式，口中喊着万岁。

我在时尚区第七大道某个顶层公寓里，在时代广场的南面，我无法从阳台上闻到他们的呕吐物和尿液，但离得足够近，我能听到声音，看到灯光。我穿着一件天鹅绒晚礼服，我讨厌它，但卢卡斯给我买了它，告诉我花了多少钱，所以我觉得我必须穿上它。我掌握了卢卡斯吸烟的规律，错过跟他一起出去，假装我们不是一起来的。这些面孔中的大部分我都见过，但是我不记得他们的名字。卢卡斯试图给人留下深刻的印象。他不会因为我避开他而不高兴，因为这样会更方便他制造任何他需要的假象，来讨好这些肮脏的社会名流。

我已经喝香槟喝醉了，和其他让人醉的酒不同，它更像是毒品。我头昏眼花的，辨不清方向。我感觉自己的头像一个气球，而脖子是把气球绑在身上的绳子。阳台上的冷空气和肺部的烟雾帮我把头带回了地球，但我不想让它重新附着在我的身上，让我能够思考发生在我身上的事情。

我现在已经被OMH正式贴上标签了，结局会像死亡后的裹尸布一样裹到我身上，只是时间问题。

我仰望着苦涩的、人造的城市，艾迪已经一去不复返了。时代广场的灯光照亮了云层和薄雾，让我想起了艾迪油腻的卡车司机帽子那肮脏的颜色。

我抓着栏杆支撑着身体，左膝弯曲。酒宴上的侍者来到阳台，给了我一杯新的香槟，并跟我说，快到午夜了。他和我是唯一在阳台上的人，下面的人群在呐喊，他们在倒计时。我转身往里面看，灯光和圣诞树上的灯，融合成一个又大又亮的模糊光圈，我看见卢卡斯一手揽着一个金发女人，一手揽着一个黑发女人，在尖叫着倒计时。我看着他正在看着他的女人时，彩花筒炸开。卢卡斯拉着金发女人来了一个长长的、一触即发的深吻。他的双唇从她的嘴唇上分开时，他看到了我，我微笑地耸了耸肩，冲着他举了举杯，把侍者的脸拉到我跟前。我在亲吻一个陌生人，我的脑海里闪现出大卫在某个时刻亲吻朱莉的画面。我拉开他，他吃惊的表情让我的心情沉了下去。

我又回到了恐惧和偏执的深渊。我喝掉杯子里的香槟，又从侍者的托盘里拿出一杯满的。他从口袋里拿出一个打火机，在他走回去之前帮我点了烟，留我一个人看五彩缤纷的纸屑落在我的周围，听着远处传来的歌声。我的思绪漫游到卢卡斯身上。我知道他应该被遗忘，而且永远不会想起。今晚，我决定，卢卡斯必须淡出我的生活。这次我必须让他真的离开我的生活。我俯身在阳台上呕吐，我看到跨年气球飘浮在我的上方，飘进了闪亮的、融合了色彩的天空。

1月3日 上午11：40

自从目睹过我的崩溃后，理查德就没有和我说过一句话。空气中流动着我们共有的秘密的气息。我们都无法面对的秘密。不在泰弗洛斯时，我可以假装我没有被一个超速的心理评估子弹击中胸部，而慢慢地流血到死。但是，当我早上下了地铁，走到单位时，心就一点点滑到嗓子眼。

那就是为什么艾迪自杀了？那就是阿黛尔几乎死去的原因吗？因为我是一个不合格的心理医生？因为我的疏忽造成的？我还没有被解雇，没有被降职，没有被谈话。有没有可能我已经逃过一劫了？

蕾切尔已经问过我一次报告的完成情况，我没有给她。已经完成了，除了我自己的部分。我可以假装我已经把我的总结留给其他人去做了吗？给了大卫？自己写自己的总结不合乎道德标准，但道德标准，如今在泰弗洛斯似乎已经消失。也许我能够侥幸逃脱。

不管怎样，我肯定评估结果一定是错误的。我不可能这么粗心大意，放松警惕，让他们看清我到底是谁。当我在思索这个错误到底是怎么发生的，我要做些什么的时候，理查德打断了我的思考。

“只剩下 15 分钟了。我准备好来处理档案的事了。”

“什么？”我的身体一动。

“档案。你总是试图让我完成的文件，你记得吧？”他似乎是认真的。虽然他从来了这里之后就没想过要完成他的档案。

“我不是在做梦吧。你确定？现在？”

“是你说的这是我们必须得做的，所以我确定。”

“不可能，一定不是真的。”我紧绷着下巴。“很好。你知道吗？”我咬牙笑着说，“很好。我们来完成你那可恶的档案。”我把档案从文件柜里拿出来，开始撕档案。

“不管你发生了什么事情，应该不是我的错。我觉得你不该发泄在我身上。”

“你说得对，理查德。也许现在不是我们面谈的好时机。也许你需要去一个团体。”我把他未完成的档案放回抽屉里。

“这不是交易。你问问题我来回答，然后把那些写下来。”

“注意你的言辞。”

“我觉得我们可以开始了，萨姆。”

“开始？”我把他的档案拿回来。我太目中无人了，我太过分了，我已经准备好受挫了，我不在乎自己怎么被挫的。“好的，理查德。你为什么在这？你的诊断是什么？你在泰弗洛斯治疗的目标是什么？你为什么会进监狱？”

“我杀了我的母亲。”

1月3日 下午2:00

我听到敲门声，按说我现在不应该有任何面谈。我的头与身体的其余部分分离，只专注于理查德今天早上扔过来的重磅信息。我靠在椅子上，打开门，看看是谁敲的门。走进来一个瘦高的年轻人，扎着辫子。

“你好，医生。”他说着，然后自己坐下了。

“你好。有什么我可以帮你的？”我很迷惑。

“我有日程表。”他把手伸进后面的口袋，拿出一张折叠着的纸，磨损得厉害，“上面说我现在要和我的医生见面，所以我来了。”

“有说你的医生是谁吗——”我伸长脖子看他的日程表，看到了一个名字，“——肖恩？”他看了看自己的表格。

“呃，不是。今天是星期二，对吧？”

“对，今天是星期二。我可以看看你的这张纸吗？”肖恩用担心的表情把他的日程表递给我。

“我吃了这种药，让我记性很不好。所以，我就做了这个日程表。不管我走到哪儿，都带着它。这样我就不会忘记我应该去的地方。应该参加的面谈、团体治疗，这上面说我的床在127号房。是我睡觉的地方。”

我正在看这张纸，他叫肖恩，没有说明他是谁的病人。我以前应该见过他，但我忘了是在何时何地。

“肖恩，你和我以前有过面谈吗？”

“是的，星期二。”他把纸折好放回口袋里。

“星期二下午2点，在我的办公室？”为什么我不记得这个？

“是的，我们在这里做问答。”

“你有没有和这里的其他医生见过？”

“我不知道。”

“肖恩，你的姓氏是什么？”

“雷诺兹。”

“好吧，我要去查一下，好吗？”

“好的。”肖恩靠在椅背上，擦了擦额头上的汗。我拿起电话，拨了44号，连接所有员工办公室的内线。

“同事们，如果你在办公室，而不是在开会，请接电话。如果你正在开会，请将电话静音。”我停顿了一会儿，听到几声咔嗒声，然后重复了这句话。当我确信在开会的工作人员把他们的电话调成静音的时候，我开始说话：“大家好，我是萨姆。谁是肖恩·雷诺兹的医生？”

“呃，是我的。”加里说，“你需要让我去你的办公室吗？”

“是的，谢谢。”我听到不同的临床医生挂了电话，加里告诉我，他会马上过来。

“所以，”肖恩开始说话，“今天我们应该谈什么问题？”

“肖恩，非常不巧的是，我不是你的咨询师。你的医生是加里，你知道是谁吗？”我为这个孩子感到难过，他显然很茫然，我开始怀疑加里搞砸了他的药。

“加里？加里……”他看着天花板，仿佛想要想起这个人。

“你吃的药叫什么名字，肖恩？”

“是一种橙色的。”

“你吃的药不止一种吗？”

“是的。”他再次抽出日程表，在一个小角落里有手写的“早上橙色，晚上粉色”，他又把它交给我，“还有粉色的。”

“好的。我们再等等加里吧？”

“好的。”他眼神呆滞，坐回到椅子上。加里敲门。我站起来打开门，加里走了进来。

“你好，肖恩。”他打着招呼，肖恩的眼睛重新聚焦。

“你好，医生。”肖恩说。我把座位让给了加里，他坐下来，胳膊肘向前倾。

“可以帮我一个忙吗，肖恩？我和萨姆说几句话，你可以在电脑室等我一下吗？电脑室正对着大厅。我会在一分钟之内去找你。”

“好的，没关系。我会在电脑室等。我很抱歉弄错了。”肖恩从我的办公室里走出去，我坐在还留有他的余温的椅子上。

“他在吃什么药？”我问道。

“氯丙嗪。”

“哦。他说橙色的。他的诊断是什么？”

“萨姆……”加里疑惑地看着我，“偏执型精神分裂症和间歇性爆发。他也在吃苯海拉明。”

“如果氯丙嗪对他的记忆有很大影响，你不应该让他继续吃苯海拉明。”

“不应该让他继续吃苯海拉明？”

“你不能决定？”

“萨姆，肖恩是你的病人。他的日程表上写的是你的笔迹。他以前是我的病人，但后来蕾切尔变更了我的职责。所以她把肖恩给了你。还记得吗？”

“什么？他是我的病人？那是我的笔迹？我从来没有忘记过病人，这怎么可能发生呢？”我很困惑，太阳穴突突地跳着。

“我也不知道，萨姆。你还好吗？”

加里才是那个忘记病人的人，他才是那个不能把工作做好的人。不是我。这根本不像我。“是的，我……”我结结巴巴地说。我不能让自己想这些事。我弄错了肖恩的药？是我让他在氯丙嗪上服食过量的苯海拉明？不可能的！我绝不可能让这种事发生。

加里站起身来，我的电话响了。

“喂？萨姆·詹姆斯。”

“嗨，萨姆。我是蕾切尔。肖恩的问题解决了吗？”

“嗯，是的。很抱歉，我一时糊涂了，完全忘了他现在是我负责的病人。不过，都处理好了。不用担心。”我紧张地笑了笑。

“又是一个用药管理的问题吗？”她的声音听起来沮丧又疲惫。

又一个？“没有！”我假装自信和欢快，像过去在泰弗洛斯的自己，“只是一个无心之过。”

“如果你不能处理这件事，回电话给我。我信赖你，萨姆。你要让我看到你的能力。”

“当然。你了解的。”

“对，”她说，听起来很不确定的声音，“希望如此。”

1月4日 晚上10：56

我和AJ坐在东村的一个不知道名字的酒吧里，这样我们就可以在公开场合接吻，而不用一再地看周围的情况。地板上有木屑，吧椅也不舒服。电视机太高了，为了不盯着AJ看，我不得不仰着脖子看它。我们不应该在公开场合见面，假装我们有什么可以谈论的事情。很尴尬。化解的唯一办法就是喝醉，失去任何可能存在于我们之间的禁忌，让性冲动带着我们走。AJ不抽烟，所以当氛围变得不舒服，或者有一种不安的沉默时，我就会穿上大衣，出去抽根烟。

当我点燃最后一根万宝路时，我的手机在后兜里振动，是卢卡斯。我坚持我的新年决心，让自己远离他。他问我小牛吃的药。一种看起来没什么但仍需回应的策略。他知道我有多爱那条狗。我抵住诱惑，灭掉烟，走回酒吧。

“我又点了一杯，”AJ说，“猜你想要喝。”他把我拉到膝盖之间，亲吻我。然后他把我的大衣脱下，挂在吧椅上，拽着我的围巾。围巾缠住了头发，但AJ一直拉着它。“那是什么？”他指着笨拙的围巾下，我的太阳穴上露出的瘀伤。

“哦。”我把围巾从头发上拿下来，塞到大衣下面，“只是一个小意外。”我拉着头发来掩盖伤痕时，立即意识到我的身体正在做的每一个动作多么尴尬。

“什么样的意外？”他拨开我的头发，我的自我意识炸开了。

“呃，出租车事故。”他继续轻轻地抚摸着瘀伤，它没有受伤，但是当我看到他的手指上的彩妆时，我的胃抽搐了一下，我感觉到我的后背上冒着恐慌的汗。“那天晚上，我坐在一辆出租车上，我不得不坐出租车。”我添加了太多的细节，因为我在撒谎，而且我还没有准备好。我拿起杰克丹尼加可乐，在继续之前，先把我冒着火的喉咙熄灭。“我没有系安全带——我好像一直没有系安全带——我们正在公园大道上飞驰。我正在看着亮着灯的圣诞树——我坐在司机的正后方——这时他猛踩刹车，为了躲那个在七十五路向西转弯的混球，我的脸撞向了前面的塑料隔断。”我喘不过气来。我不知道他是否相信了我的故事，因为他只是用像小狗的眼睛一样看着我，继续抚摸我的脸，我的脖子。

“你去了医院吗？”他似乎既不担心，也不关心，但他的话很亲切，我的耳朵里都是我雷鸣般的怦怦的心跳声。

“我们就在莱诺克斯山医院附近，所以我让司机送我去那里检查。我把他的奖章、执照、名字和一切都记下来了，所以他没收我车费。但是，其实我只是走到六号线坐车回家。可能只是看起来比较严重而已。”谎言如此简单，几乎不用考虑，故事的片段——地理，地标——都能天衣无缝地融合在一起。我不能让AJ知道卢卡斯是我脸上瘀伤的制造者。AJ的存在不是为了把我从卢卡斯那救出来，他的作用只是为了分散我的注意力，我不会让这些界限变得模糊。

我点了龙舌兰，试图抹去那些记忆。与AJ消遣的时光，应该是我现实生活的一种缓解——从我失败的工作和糟糕的爱情中解脱出来。假装还是我没有精神疾病的时候，还是我不会忘记我的病人是谁的时候。和AJ在一起的时候，我做的唯一的错事就是欺骗了我的男朋友，我承认。

我又点了一轮酒，希望能把我带到一个我再也记不起任何事的地方，记不起我一直在试图从一个杀死他母亲的病人那里得出真相的地方。我想陷入一种无知的幸福之中，感觉不到每个人都知道我的秘密。我需要用酒精来麻痹我的感官，让我不再怀疑我所认识的一切。

1月5日　下午1：17

我在病人的洗手间里仔细检查自己，并拉扯着脸颊。我看起来像死了。眼皮底下肿胀的青筋，还残留着昨天的睫毛膏。皮肤又干燥又油腻，肤色只能形容为病态。曾经是蓝色的瘀青，现在是一种夹杂淡黄的绿色，我没有费心去化妆掩饰，太费精力了。头发早该洗了。我从口袋里掏出口红，抹在脸颊上，希望粉色的色彩和光泽会给我带来一些生命的迹象。

走出女厕所的时候，我低着头，手插在裤子后兜，差点撞上高大的蕾切尔。“萨姆！我刚刚敲你的办公室门。太好了，在这碰到你。”

“嗨，蕾切尔，怎么了？”我突然想起脸上的口红，在蕾切尔注意到之前，赶紧偷偷地擦掉。

“我来拿 OMH 的总结。今天就得要了。我知道艾迪的去世让你很难过，我想给你一点缓冲的时间，但是现在我没法再拖延了。”她似乎很失望，但却又很宽容。

“我明白。很抱歉延误了时间。艾迪的自杀对我来说，是一个沉重的打击，我上周无法努力地集中注意力工作。我想现在我又找回了以前的自己，所以不用担心。”她有没有听到我强烈的心跳声。

“那太好了。我把评估总结带回去，我今天晚些时候有一个会议，正好可以把所有的东西都归档了。”她乐观地期待着我不会让她失望。

“别别别。我说过我会帮你搞定的。我会把文件的原始记录归好档！”对着她撒谎，恐慌让我的汗腺都活跃起来了，“今天下午我把总结给你，下班前把所有的文件归好档。可以吧？”

“我今天就要，萨姆。不能再晚了。OMH 压得我喘不上气来了。”蕾切尔怀疑地看着我，仍然鼓励我，但不相信。她伸出手来，脸上带着淡淡的微笑。我的右手掌上还粘着口红，但是我害怕如果我在裤子上擦手，会看起来像是在掩饰紧张的汗水，所以我握住她的手，感觉黏湿的唇膏黏在了她的手指上。我露出了灿烂的笑容，飞快地朝我的办公室走去，听见她在我身后说着“下午见”。

我转过拐角，把蕾切尔甩在了另一边，正好赶上大卫和朱莉站在他办公室的门口，离得很近。办公室的门开着，他双手抱胸。她背对着我，所以我看不到她的脸，但大卫笑容满面。他没有看到我，向后退到他的办公室里，在她转身走开时，他冲她挥动着他修长的手指。我看到她微笑，叹息，把档案抱在胸前，就像四分卫叫她这个啦啦队队长去参加毕业舞会一样。

她看到我时，眨了眨眼睛，好像我吓了她一跳。她结结巴巴地嘟囔，放慢了脚步，好像在她那小脑袋里的某个地方，她知道她在和一个错误的人在一起，而且欠我一个道歉。当她走近我的办公室时，我加快步伐，她的嘴张开着，想着要说些什么，我径直走过来，目不转睛地盯着她的眼睛。我一直看着她那要死的脸，直到她踉踉跄跄地向后退去时，我把钥匙插进钥匙孔里。当我打开办公室的门时，我轻轻地拍了一下她的肩膀。带着威胁的笑容，看着她那洁白的毛衣上被抹上的粉红色的唇膏，慢慢地关上了门。

1月5日　下午5：34

我给蕾切尔的办公室打了两次电话，都没人接。她应该快开完行政会议了，我要现在就去把评估总结放到她的办公室，这样就不用面对她了。

抱着评估文件，总结放在了最上面。这张纸看起来和大家常用的备忘录一样。我一直跟自己说，就这样吧。我用运动服盖着这摞文件，沿着走廊走向楼梯间，轻轻地关上楼梯间沉重的门，不让人注意到我的存在。心跳就像在耳边，在楼道里回荡。走出楼梯间，走到走廊时，看到一个睡着的病人，身体蜷缩在地上，像一个婴儿。以前我总是会把他叫醒，但今天我蹑手蹑脚迈过他，希望不要吵醒他。离蕾切尔的门只有五码远。

我从运动服下面拿出了总结，我的心开始怦怦地跳，害怕会吵醒睡着的病人。我又看了一遍，弯下腰，把它塞进她的门底下。**结束了。没有回头路可走了。**

自我鼓励一番，我走向楼梯，奔向一楼，去把原始文件也归档。我笨拙地踩着台阶，右手抓着栏杆，直到来到一楼出口。走进管理档案室闷热的房间，放员工档案的地方在后面，灯光几乎照不到，泰弗洛斯的工作人员档案就放在那些旧的木制文件柜里。

现在，我站在这里，手里拿着最后一批“违禁品”，按字母顺序，把每一份总结放进对应的工作人员的档案中。保安弗兰克·伊格纳西奥，我最喜欢的护士玛丽·金尼。在这堆文件夹中，没有J的姓。当我把朱莉·沃森的档案放进她那薄薄的工作人员文件夹里时，我掸掉衬衫上的灰尘，把运动服搭到肩膀上。完成了。我需要放置的所有文件，都安全地存放在它们所属的档案中了。我现在需要一杯高度数的烈酒，来帮助我忘记我所做的一切。

1月10日 上午11：00

我的脑海里满是思绪和烦恼，互相碰撞。我不断地看到一个惊人的红色标牌，上面写着，理查德的脸上刻着“杀人犯”几个字。我紧张地瞥了他一眼，然后我突然想到蕾切尔，心又开始跳起来。她会检查员工档案的原件吗？检查我是否完成了她的标准总结，还是她会信任我？

当我在猜测可能的结果时，理查德把一个东西放在我面前，打断了我的注意力。我把目光放在他放在我桌上的这个小物件上。一小瓶杰克丹尼。

“这是干什么？”

“喝的。你很震惊吗？”理查德面无表情地说道。

“理查德，你不能在这里喝酒。我会为此被解雇，把它拿走。”

“没有人知道它在这里。没有人来过这里。你的门锁住了，你需要它。”

“我不需要……不需要。拿走，理查德。我真是不敢相信，在我为你做出那么多让步之后——你坐在我的办公室里，不用费心去做你的心理评估，结果你是这么利用它的。把它从我的桌子上拿走。”我不能看着他,我不能看着酒。他走到我面前,把它拿走。他是怎么搞到酒的?我瞪大眼睛，就好像愤怒的是他给我拿酒喝这件事，其实我知道我多需要那瓶酒。

他拧开瓶盖，又递给了我。我握在手中，看着他。他摘下帽子，从兜里掏出另一瓶。他打开它，碰了一下我的瓶子，然后喝了一口。几乎没有思考，我把瓶子举到嘴边，抿了一口，感受甜蜜的灼烧。

他伸过手来拿还在我嘴里的空瓶，小心翼翼地把两个瓶子放进口袋，戴上他的报童帽。他低头看着报纸，好像什么事情也没发生过。我呆呆地坐着，感觉像是过了几个小时。当理查德在我的眼镜上方盯着我的时候,我打开抽屉,拿出一盒薄荷糖。递给理查德,他拿了两颗,没有看我。虽然我现在比以前更加关注他，但我们还是忽视着对方。

1月12日　下午3：09

我刚从办公室的地板上醒来，又做了一个令人不安的梦。我晚上睡得不好，所以在办公室的午睡越来越规律了。这一次的梦是，我是拳击赛中举起大牌子展示拳手所在位置的模特之一，有着魔鬼的身材，完美的头发，但我是微型机器人，因为从 20 世纪 80 年代开始拳击台成了机器人拳击赛场地。卢卡斯是红色的拳击手，AJ 是蓝色的，每次他们打对方一拳，他们的机器人脑袋就会飞向人群。小牛就会跑到看台上，把脑袋还给他们的身体，然后我举着大牌子绕着圈子走。当我向观众望去，他们每一个人都是理查德。

我摇了摇头，强迫自己不要去想这个梦的意义。OMH 总结完成了，蕾切尔似乎很满意，所以我试着努力专注于所有与工作有关的任务，这样我就不会因为担心被发现而感到恐惧。如果我让自己的思想被占据和分心，我就可以假装一切都会好起来的。

每个星期五的下午，我们都有家庭探访日。与家人互动会受益的病人，会给我们一些他们想见的名单，我们审核并与这些人沟通之后，他们会来探访。我有一份病人给我的名单，但我还没有去审查，所以我现在得抓紧完成。

我把所有病人的档案放在椅子上，开始阅读他们的家族史，以及社会条件与心理健康，确定他们可不可以来。我知道这些人，所以很快地在单子上盖上红色的橡皮图章。我很高兴能够做一些既平凡又有用的事情，继续盖着章。然后我听到大卫办公室的门发出一声巨响，接着是一个青春期似的傻笑，只能是那个人的。

我的背因厌恶而绷紧，眉毛上开始出现汗珠。我大声清了清嗓子，企图扰乱他们的氛围，但我怕他们听不见。于是我剧烈地咳嗽，拍打着我的椅子扶手，以增加效果。我听到墙的另一边笑得更欢快了。他们当然听到了，但我可能会被噎死在墙的这一边。大卫不会来救我。好吧，如果我不能阻止他们，至少我可以让他们感到不愉快。我环顾办公室，想找些东西扔在墙上——任何会造成滋扰和分心的东西。然后我低头看到我的右手，那个大大的红色橡皮图章。

如果我猛拉抽屉，或者使劲跺脚，也会发出巨响，也会干扰他们调情。但是如果有人进来就不好了，所以我得装作在无辜地工作，在盖章呢。没有什么好说的，我就是要拆散这对新人，或者说把我以前的好朋友，从那个可怕的决定中拯救出来。

我猛地戳了下来。一个令人满意的铿锵声响起，抽屉晃动，啷啷作响。我开始盖下一页。我咬紧牙关，快速移动，一页一页，把红色的图章狠狠地盖在纸上。声音和震动都很烦人，我现在肯定打断了他们的废话。我兴高采烈。我听到大卫的门嘎吱一声开了，朱莉走的时候，高跟鞋被地毯绊了一下。为了效果更好，我在家庭成员名单的最后一页上狠狠地戳了一下。我看着一大片惨不忍睹的红色的“批准”戳，感觉到一层温暖的成功覆盖了我的肩膀。

1月13日　上午9：50

我一直被几件事情困扰着，蕾切尔发现我没有提交自己的评估总结会怎么想，大卫和朱莉是个什么情况，以及理查德杀死他母亲的事情。大卫发给我的每一条短信，都让我感到极度孤独。他的话几乎让我相信，他仍然关心我，他没有把全部精力都转移给朱莉。**朱莉！**

朱莉，有着真诚的心和认真的态度。我该如何去讨厌她？她的真诚是如此明显，都潦草地写在了她那完美的脸蛋上。什么样的混蛋会告诉自己最好的朋友，他应该远离她，把他永恒的感情还给我，即使他知道是徒劳？**我！**我就是那种混蛋！不过现在看来毫无意义。我不会因为恨她而得到任何好处，对大卫生气也没什么用。

我拿起电话，打到大卫的办公室。响了第一声他就接了。

“大卫。”我发现我还没想好要说什么，“你能，呃……能过来一下吗？”

“当然。”他叹了口气，我听到他把椅子往后挪了挪。那种自以为是的叹息真让我生气，但我决定原谅他。他走进来，站在我身后，靠着我的文件柜，抱着胸。我必须转过椅子面对他，但我的办公室太小，没法儿这么干，转过来，我的膝盖就会撞到他的小腿上。

“大卫，你能坐下来吗？”我有点沮丧，不舒服。

他还是待在原地，挑起眉毛，等待道歉。就像我是打碎了灯等着受责罚的狗。我坐在椅子上，试图找到一个角度，而且不得不仰着头看他，请求他原谅我明显干涉了他的事。他就是这样计划的。

“大卫，”我的椅子撞到桌子上，想挤出更多的空间，我觉得我的领子开始勒得喉咙发紧。“大卫，你能坐下来吗？”我提高声音，直视着地板。手伸到病人椅上，邀请他坐下，但我没有抬眼看他。叹了一口气，他向椅子迈了一大步，坐了下来。

“有什么我能帮你的，萨姆？”

“这个。”我心烦意乱，而且很恼火，“我很生气，你决定跟那个讨厌的女人牵扯在一起，但为了避免一场灾难，我会原谅你。”

“你原谅我？原谅我什么？”他倾身向前，把他的道德优越感直接压在我的脸上。

“朱莉。大卫，她是我唯一无法忍受的人，你决定和她约会？你甚至不先跟我说说？太可笑了！完全不公平，在你开始这个愚蠢的冒险之前，你应该好好考虑一下我的感受。我的意思是，你知道跟她分享你，我的感受吗？你怎么能同时喜欢她和我？你这样是大大拉低我的行情。”

“你说完了吗？”如果我有一个父亲，我想，我小时候他应该就是这样一张脸对我说话。

“是的。”我靠回椅子里，对他应该能够理解他那令人震惊的失误感到满意，现在他应该会大声道歉，做对我们正确的事情。

“萨姆，你太过分了。”讲座开始，“首先，我没有跟朱莉约会。”

“哈哈哈哈哈！是，对！我能从墙上听到，你知道！”

“闭嘴，让我说完。正如我所说，我没有和朱莉约会，而且我选择跟谁约会，你根本没有发言权。你不是我的女朋友，甚至不是我的前女友。你的意见无关紧要，所以我当然不会考虑，我和同事发生的几次无意义的对话，你所说的那些刻薄话。”大卫一口气说完，当他要再次开口的时候，我把椅子推回到门边，脚放到椅子上，在我和他之间竖起了屏障。

“任何涉及你认为会损害我对你感情的事情，就会把你变得如此恶毒。但是你把我当成根本不重要的人！我已经厌倦了，如果朱莉想要吸引我的注意力，我和她交往，也没什么。但不要以为我会容忍你的蔑视。真是够了。你需要长大，为自己承担责任。你有蛋糕吃，拿绳子吊着我的，让我看着不能吃，如果我看其他的，你还生气。你真的失去我了，萨姆。你应该清醒了。”

“我只是——我只是不喜欢有人插进我们之间。”我承认了这一点，我的自我膨胀被戳破了。轻蔑和愤怒正在平息，当我把脚放回地面时，我能感觉到残酷渗入身体的感觉。

“她不在我们之间。但是你可以打开一点缝隙，让她进来。”

“你知道，我让你来，原本是想说我原谅你了，但现在都变了。”

“好吧，我也原谅你。我很高兴你能原谅我，虽然你没有什么可以原谅我的。我们现在可以恢复到正常了吗？”他站起来向我伸出手。

我握住了，他把我拉起来，给了我一个温暖的拥抱，提醒我不要一直那么努力。我提醒他不要老是这样阴魂不散。带着自我满足的微笑，我又回到了大卫的头号位置，本就属于我的地方。

1月17日 上午11：08

今天，理查德迟到了。我意识到的是，在我等待一个谋杀他母亲的男人之前，我从没有觉得和其他男人在一起更安全。

“好，今天不看报纸。”我在说这句话的时候，他还没有坐下，把报纸放在桌子的一角。

“不看报纸？”他说着，满怀希望地看着他那一摞报纸。

“是的，今天不看报纸。我们需要讨论一下上次发生的事情。”保持专业是我的职责，而且我们不应该在上次面谈时喝酒。我不应该这么做，但我做了。

“我没有跟别人说喝酒的事，萨姆。我们不需要谈论它。”他坐下。

“我不担心你跟别人说。我们坐在办公室里一起喝酒，这是不应该的。我是你的治疗师，我是一名专业人士，我是在工作。我不能这样做。你也不能这样！你在这里接受治疗，寻求帮助，我是那个应该给你帮助的人。”

“你连自己都不能帮助自己的时候，怎么帮助我？”

他的话打断了我，信息量太大了。

“我可以帮助自己，自己帮助自己！你不了解我的人生。你不知道我正在经历什么。你不知道。”

“好吧。”他停顿了一下，仍然看着我，但什么也没说。当我没能继续下去时，他把手伸进夹克，掏出四个小瓶子。法国灰雁伏特加，他在打开自己的之前，先帮我打开，像个绅士，他把两个瓶子放在我面前。我看着电脑屏幕，游标正在闪动，催促我完成所有需要完成的档案工作，催促我跟他谈谈他告诉我的事，催促我放下恐惧，不要拿起瓶子。

“我不能喝，理查德。我不能和病人一起喝酒。”我垂下眼睛，不敢直视他或酒瓶。

“你以为你在骗谁？自从我来到这个地方，我一直在观察你，你浑身上下写满了‘酒鬼’两个字。”

“酒鬼？你怎么会认为我是个酒鬼？”我的头猛地抬了起来。

“嗯，首先——”他喝了一口酒，“上周我在你面前放了一瓶，你在狂饮之前几乎没有犹豫。第二——”他喝了第二口，“你认为我是怎么搞到这些的？”他把空瓶子扔向我。

“你从哪儿弄来的？”我的喉咙突然发干，我低头看了看文件柜最下面的抽屉。我知道他从哪儿弄来的了。

他看见我盯着我的抽屉，挥动双手：“看到了吗？现在，什么样的人会在精神病院里，在她的文件柜里，有个拉链袋，里边装的都是那些小玩意？”

我无法否认这一点。我低头看着抽屉里的那个袋子，里面藏着一些生活用品和一个装满蜡笔的鞋盒。我一直在收集这些瓶子，几个月前，一个特别糟糕的周末后，我把它们带到办公室。我公寓附近卖酒的店，每次我去买酒的时候，收银员总是会把一个小瓶子酒塞进我的黑色塑料袋里。他知道那是我的最爱。我一直在那家店买。我的全部工资几乎都花在了那，估计我一个人就够他们交电费的了。现在我的病人拿了我的酒。所有的。至少一打。

“你是怎么找到这些的？”

“你知道，我不是一直坐在这里看报纸的。我观察你，我观察到你身上发生了什么。我也不知道如果我找的话会找到什么，但我知道我会找到一些东西。”他向前挪了挪，重新调整了座位。

“你窥探我的办公室？”我惊讶地瞪着他，“你要求我为你做出让步，我也做到了。”我伸出左手手指，列出他的违规行为：“你要求我让你过渡一下，你坐在这看你的报纸，我让了。我已经很难做你的咨询师了，因为你从来没有说过什么，我仍然不知道你为什么在这里，我也忍了！我要信任你，尝试跟你接触，希望找出你为什么……好吧，真是够了！够了。我不会问你什么时候进的办公室，因为我已经生气了。你要我信任你，然后你就这样做？”我把抽屉关上，我的酒倒了，摔到了地上。

“上次紧急事件时，你把我扔在了这里。”在他说到紧急事件这几个字时，表情很夸张。

“因为我信任你！你就利用了它？”我厌恶地盯着他，“你就利用了我？”

“我需要用点手段。因为我需要另一个妥协。”

“哈！你在逗我吗？在这件事之后？”我回到我的电脑屏幕前。

“你和我都需要它。”

“另一个妥协。”我摇摇头。放软了语气，我不能让路人听到这种疯狂。

“我也妥协，跟你合作。我会帮你完成这个你唠唠叨叨的档案。”

我转向他，扬起眉毛，嘴角露出一丝微笑。我把他的档案放进抽屉里，把桌上剩下的文件整理好：“你要跟我合作？”

“我知道留在这里要做什么。我知道我不能保持沉默。所以我会完成这个档案。”

“有什么目的？用手段是为了什么？”

“不被当病人一样对待。”

“但你是病人。你想要我怎么对待你？”

“像人一样，一个平等的人。如果你想挖我所有肮脏的内在，我就不会继续了。我不是一场杂耍表演。”

“你认为我们就是干这个的？”

“你的防御也塌了。我现在有把柄，我可以让你马上被解雇。我可以揭露你。你不知道酒都放在哪里。你输了，我可以向你的老板展示你的酒，如果我告诉她这就是为什么你不履行你的职责，她会相信这是真的。看看你的记录上，阿黛尔发生了什么事情！我还可以告诉你，你是那个没把门卫的柜子锁上的人。我看见你拿着活塞走了。”

“阿黛尔很好！她出院了！健康状况良好！只是虚惊一场！”

“虚惊一场？好吧，一个酗酒的心理医生使用错误的药物是虚惊一场。那柜子呢？艾迪本可以不自杀的，如果他没有地方、没有工具可以自杀的话。这就是我要说的。”

“你为什么要让我被解雇？这对你有什么好处？你为什么跟踪我？”

“我没有跟踪你。我也不想让你被解雇，但如果你拒绝这笔交易，我会的。我能做到。你告诉我发生了什么，我告诉你关于我的事情。我们平等地对话。就是这个交易。要么接受，要么放弃。”

“直说吧。”我揉了揉酸痛的眼睛，试着把思绪集中在这里发生的事情上，“只要我和你分享我的事情，你就愿意完成你的档案，并真正参与治疗。如果我不这样做，你就会向我的老板展示酒袋——你偷的——让我被解雇？你会告诉她，我要对阿黛尔和艾迪发生的事情负责？”

“是的。”他回答，似乎这是一个合情合理的要求。

“你打算怎么逃避惩罚？”我需要一根烟。

“没有什么需要逃避的。我已经侥幸避开了。我已经知道阿黛尔的药物和打开的柜子，我还拿了你的酒，这些都是把柄，直到我得到我想要的。这也是你想要的，即便这不是你想要的方式。但这是唯一能让我完成档案的方法，你能向每个人证明，你是一个多么优秀和有才华的治疗师的唯一方法。”他做了个嘲讽的表情，手指在空气中转动。

他怎么知道我想向大家证明自己？我茫然地看着他，想知道他把剩下的酒藏在哪儿了。“如果我说同意呢？”

“那你就会保住你的工作，然后给我我需要的帮助，你就会看起来像个英雄。”

“我的保障在哪里呢？”

他站起来伸出了手。

“握手？你以为我会相信握手？”

"我没法向你保证什么。我信守我的承诺。你握了手，我就承诺。你结束交易，我也会结束我的承诺。"

我把剩下的两瓶灰雁倒进空的咖啡杯，理查德疑惑地看着我，我冲他微笑，将空瓶子推向他。我以干杯的姿态举起杯子，把伏特加倒进了我的喉咙里。

1月18日 晚上10：47

AJ抛弃了我。现在感觉一切都不一样了。他把我当任务一样完成，现在对我不再感兴趣了。我只是一个众所周知的床伴。

我迫切需要把自己从可怕的现实中解脱出来，但我现在害怕见到他，怕他会加深这个可怕的命运。他不会爱我，他不会再要我了，然后我就什么都没有了。我忘了我开始做这件事的时候并不在乎他，我只是需要一些事情来分散我对卢卡斯的注意力，现在我沉迷其中，我需要他需要我。

我期待手机铃声响起。我已经不怕暴露我的脆弱了，所以我一直查看手机。每隔几分钟查看一次，睡前醒来再查看一次。

我要再倒一杯酒，数一数我剩下的烟。我的公寓前20米处有一家熟食店和一家卖酒的店，如果有什么办法可以不用出去就能买，我会做的。还有六支烟。够让我熬过去吗？可能不够，我想打电话给熟食店和卖酒的店，让他们给我外送一些过来。

我放弃了希望，他是个混蛋。我只是在使用他！不是他使用我。我只是用他来逃离卢卡斯一会儿。没关系的。我不需要他。他甚至都不好看。笑起来很愚蠢，像只柴郡猫。他甚至也不怎么性感，而且愚蠢又幼稚。我的手机响了。

嘿，宝贝……我的心在脑海里翻滚，我在流汗，试图破译这个省略号。如果我立即做出回应，会显得我很绝望和无助吗？我好像等了几个小时，但实际上只有三分半钟。

嘿，是你啊。这种回复感觉很悠闲，但我又处在了一个可怕的等待期，我想让他回复一些好听的内容，然后马上去证明他在想我。我想找回我的主场。我等。等待几个小小的圆点摇晃着出现，表明他正在回信息。

然后，终于回复了：你今天晚上去尼克吗？我本来不打算去，不过现在我要考虑考虑，但好像有什么东西在阻止我。腿像灌了铅，抬不起来。

也许我所需要的只是听到他在尼克酒吧等我，我可以选择去或不去找他。两周前，我的瘀伤暴露时，一切就都变了。窗帘被拉开，光线照进来，我们不再是两个狂野的孩子在床上轻浮低俗的嬉闹。他看到了他不应该看到的东西，他看到了我。也许，也许他是真的喜欢我。多么白痴的想法。这可能是我的机会，证明我自己，我不需要再这样了。

我今晚应该不去了，我回复。玩得开心。

在他离开我之前，离开。在他伤害我之前，伤害他。

1月19日　上午10：19

“萨姆小姐！萨姆小姐，快来！”我的门砰的一声，我听到塔莎万卓雅的求助声。

“怎么了？”我摇摇晃晃地打开门。塔莎万卓雅拉着我的手把我拽向走廊。

“是珍妮。吓坏我们了。她把自己关在厕所隔间里不出来。哭了一早上了。”

“怎么回事？你叫蕾切尔了吗？”

“没有，我来找你，露西去找朱莉。”

“好吧。”我们赶紧跑到女厕所，推开门走了进去。露西和朱莉刚到，朱莉正在关着的门前问问题。

“珍妮，发生了什么事？”珍妮坐在地上。能看到在门底部和地板之间她的腰部，她瘫坐在残疾人隔间的角落里，哭得很厉害。

朱莉跪在挡板前。“珍妮，”她透过缝隙说，“发生了什么事？”珍妮咳了一声，吐出来，冲了马桶。她呼吸急促，我们能看到她在上下移动。我递给朱莉一盒纸巾，朱莉把手伸到挡板下，放在珍妮旁边。

珍妮从纸盒里抽了几张，擤了擤鼻子。

朱莉用拇指抚摸珍妮的背部，她的呼吸开始放慢。塔莎万卓雅蜷缩在角落里，膝盖抵在胸前，下巴搁在握着的手上。露西看着朱莉，不时地转向我，然后看着镜子里自己的倒影。我在看朱莉，试图确认她是否能处理好这种情况。珍妮说话了。

“我不想再待在这里了。”她的声音有着浓重的鼻音。

“那就出来呀，我们都在这呢。”塔莎万卓雅坐在角落里说着。

“不，我是说这里，精神病院。我不想再待在这里了。我想回家。”她重重地叹了口气，我看见她的手落在瓷砖上，我看着她手中的针滚落下来。

“朱莉，去请求医疗救助。马上。不要告诉任何人发生了什么！快去，躲着点人。”我卷起裤子，扶着露茜的肩膀来平衡，脚踩到水池上。然后快速地跃起，从门和天花板之间的空隙跳进去。我的脚踩到马桶圈上，滑到了地上。她的手臂上紧紧地绑着一条发带，膝盖上还有一个绿色的打火机。然后我看到马桶里的铝箔纸在打转。

珍妮的头靠在挡板上，耷拉着下巴，眼睛眯着。不知道她吸了多少海洛因。

“珍妮！”我拍着她的脸喊她，“珍妮，我是萨姆。清醒点。醒醒！”我摇晃着她的肩膀，她的头和下巴垂落到胸前。我越过她，打开门。把珍妮拖到门外，平放在冰冷的厕所瓷砖上。

塔莎万卓雅坐在角落里，哭了起来。露西坐在她旁边，搂着她的肩膀。朱莉跑了回来。

“我的妈呀，萨姆，她死了吗？上帝啊！”朱莉在说这话的时候，没有把门关上。

“没有，她还没死。还活着，但快要没气了。你有没有叫医疗救助？”我摸着珍妮的手腕，监测着她的脉搏，耳朵贴近她的嘴，确认她仍然在呼吸。

“是的，他们马上来，我发了蓝色预警。”

“谢谢，朱莉。你做得很好。把塔莎万卓雅和露西带到我的办公室，在那里等我，好吗？”我不能让她在这，万一她变得情绪化，要崩溃了可不行。

“好的。”朱莉说完，一动不动，盯着地上的现场。

“现在，朱莉，立刻马上。”我把钥匙扔给她。

“哦哦！”她跳起来，把那两个女人从地板上拉起来，然后把她们推出门外。当她打开门时，我看到两个护理员和两个护士走近，推着一个轮床，拿着一大堆医疗设备。他们用背板推开厕所门，问我发生了什么事情。

“海洛因，我不知道吸了多少，也不知道什么时间。其他病人告诉我，她一整个早上都在这里，但她们没有提到任何毒品。”

“她叫什么名字？”一个高大的男护士问道，他把背板滑到她身下，把她抱起来。

“珍妮，她叫珍妮。”

“我们把她带走了。”他转身，把珍妮重重地放在轮床上。“珍妮！珍妮！”他对着她的耳朵喊，“亲爱的，你吸了多少海洛因？”当一群病人和临床医生聚集过来，目睹这一骚动时，他推着她向医务室走去。

我没什么能为她做的了，于是我走回办公室，发现那三个女人坐在地板上，挤在一起哭。

“现在没事了。闭……别担心，她现在在医务室，他们会带她去急诊室。你们做得很好，做得很对，你们来找我和朱莉，可能救了她的命。”我擦着脸上的汗水，从桌子上拿起水来喝。

“她从哪里拿到的毒品？”朱莉问我，但我没有看她。

“我不知道。”朱莉问我的时候，我看到露西和塔莎万卓雅赶紧低下了头。

“女士们，她从哪里拿到的？这非常重要，你们不会遇到麻烦的。她有告诉你们吗？你们知道吗？”

露西抬起头，有点害怕地回答：“珍妮说，她姐姐给她带了她需要的药。我们以为她说的是药物，虽然她并没有这么说，而且她也没有跟我们说是哪一种。”

海洛因成瘾的姐姐，珍妮拿到毒品的人。她是怎么进来的？当我的呼吸开始正常时，我在电脑上打开一个空白的事件报告，并开始填写。朱莉把露西和塔莎万卓雅带到一个团体治疗室聊天，我答应她们在我完成后马上去找她们。我拿出珍妮的档案抄写相关的信息。她档案的最上面一张是访问记录和家庭审查表。我看到她姐姐杰基的名字旁边一个红色的“批准”的印章。

1月20日　上午11：14

今天办公室的光线特别强烈，我不得不拉着窗帘看电脑屏幕。即便遮挡了强光，办公室还是亮瞎人眼。我只能戴上太阳镜，这样才能集中精力完成一些工作。每次我回头看的时候，病人椅上的文件堆都似乎越来越大。不管做完多少，从那里移走多少，还是觉得那堆文件仍然在增长。我喝着激浪牌饮料，喝起来像酒。

电话的蜂鸣声响起。劳尔的声音在房间回荡：“萨姆，有个叫卢卡斯的要见你。我把他送到你的办公室。他有一个访客证。”

访客证？卢卡斯从哪里弄的访客证？他从来没有来过我的办公室。在我抢到电话，让劳尔把这个混蛋从这里弄出去，把这个骗子带走之前，办公室的门上就响起了一阵敲门声。我调整了一下太阳镜，因为光线还是无法忍受，然后起身打开门。

卢卡斯站在走廊里——肯定有只灯泡坏了，因为走廊比往常黑——他手里捧着一束柔软的花束。一大束红玫瑰，用绿色的玻璃纸包裹着，系着一条细白丝带。我还没来得及把他赶走，他就把我推回到办公室，撞倒在我的病人椅上。文件砸在我的头顶上，我几乎找不到立足之地。

太阳镜撞歪了，我只能看到刺眼的光和卢卡斯的轮廓，他向我冲过来。我试图保护我的脸和胸部，然后我发现我的手被玫瑰填满，荆棘戳着我的手指。

我踢他，让他走，但每次我的脚踢到他时，就好像被他的躯干吸收，就像踢到棉花糖一样。玫瑰花还在我的手里，有黏稠的血液流出来，卢卡斯把饮料推到一边，从抽屉里拿出剪刀。饮料倒在桌子边上，洒了很多，味道弥漫整个房间。

我的双手扎满了刺，无法握紧拳头。头发被卷在椅子的轮子下，饮料洒到耳边。卢卡斯正逼近我，一言不发，把剪刀举过头顶。刀片在阳光下闪闪发光，窒息的我就和已经流尽的饮料一样，一切都结束了。

电话铃很大声地响了起来，我把脸从地上抬起来，擦掉口水。我最近总做这个梦。有时醒来全身是汗，有时会哭，但经常是喘不过气来，疲惫不堪。我爬起来，接电话。

蕾切尔问我，珍妮在洗手间里发生了什么事。从评估报告之后，我们一直没有机会说话。我解释了事件的细节，让她知道我是如何处理的。我甚至夸了朱莉。我告诉蕾切尔，一旦珍妮有新的进展，我会打电话给她，她打断了我。

“挂电话之前，”她在电话里沉重地呼了一口气，“谢谢你的 OMH 总结。我非常感谢你为我做这件事情。现在这里的事情仍然是令人难以置信的混乱，但在你的帮助下，管理起来要容易一些了。”

“蕾切尔，我们一直都在一起。”我说，把电话夹在耳朵和肩膀之间。我揉了揉把外套做枕头脸上留下的拉链痕迹。

“OMH 的原始报告呢？我在办公室没看到。”我的心跳停了下来。

这个问题是一定会问的，现在我要解释一下："哦。你的门锁着，我只能把总结塞进门缝，不能放下文件夹。所以我把原始报告提交到楼下的档案室里了。我希望没做错。"我屏住呼吸，咬紧牙关，等待她的回应。我能听到她喘着粗气,四处走动的声音。我的眼睛紧紧地闭着，眼角里也开始涌现泪水。双肩紧绷，我听到了嘀嘀的声音。

"呃，是的，没关系。我有电话进来。所以我得挂了。再次谢谢，萨姆。"听到她挂了电话，我松了一口气。放松肩膀，挂断电话。拉开抽屉，看到我自己的 OMH 文件夹仍然躺在那里，在看着我。我轻轻地把它拿出来，完好地放进了我的包里。

1月20日　下午2：23

大卫和我一起吃着午饭，已经过了午饭时间。我还在舔伤口，几个星期前，他骂我是残忍的，恶毒的。所以尽管现在我们看起来更好了，但我还是跟他保持着一定的距离。我没有对他说过评估的事，让珍妮的姐姐来访的事，以及没有锁门卫的柜子的事。在我咬了一口他分给我的那半个三明治时，他开始问卢卡斯的情况。

“谈谈你和卢卡斯发生了什么事情？”他满嘴食物问我，仿佛是非正式的，他在试图把问题的严重性降到最低。

“我和卢卡斯有什么事情？”我把问题丢还给他，没什么要说的。

“我有一阵子没有听到他的消息了。”大卫继续说道，手掌摊开放在嘴前。

“哦，我也有一阵子没看见他了。我们吵架了。我不想在处理这里的混乱同时，还要处理跟他的烂事，所以我们暂时分开一下。”我对着我的三明治说着。

“他怎么了？”

“说实话？我甚至不确定他是否知道。我敢打赌，他还有很多其他女人来保暖。已经有三个星期了，他只给我发了几条短信，问我是否有意回避他。他知道我很生气。他在那个装腔作势的跨年酒会上吻了一些小妞，在那之前，他又嗑药了，我再也不能忍受谎言了，所以我离开了。他除了给了我空间外，其他什么也没有。”我叹了口气，啜饮着可口可乐。

“你不是也亲吻了那个服务生吗？”大卫扬了扬眉毛，咬了一口三明治，用餐巾擦了擦嘴巴。他的办公室比我的大一点儿，但是每当他变得高傲和优越的时候，我就感觉墙壁开始收缩。

“是，但我去那里没有打算亲吻一个服务生，我是为了报复卢卡斯和一些随便的女人亲吻。午夜的时候，他是阳台上唯一的一个人。我只能亲他了。”

“你会和他分手吗？”他问道。

“呃，我不想这么做，也不想谈这事。我知道你不喜欢他，我知道你知道发生了什么事，但我没有精力去做这件事，如果你不跟我谈他，我会很高兴的。”我在抱怨，我不想面对我的失败。

他慢慢地道出：“我有一段时间没有看到任何虐待的证据了。”

“‘虐待的证据’？你为什么会这样说呢？我不是一个病人。你不用这么对待我。你没有看到我的头发上有血迹或脸上有瘀伤。我明白了。好吧。那是因为我几个星期没有去他家过夜了，他也没有来过我家。所以……**我的大神**，你想从我这得到什么？我不想谈论这个。”我把剩下的三明治塞到嘴里，希望大卫把它当作停止窥探的标志，放过我。

“我希望你没有他会过得更好。”他举起手来投降，“就这样，我说完了！”他把最后一口三明治放进嘴里，拍掸了两下手。

我从大卫的窗户望着街对面的脚手架。现在我不得不想卢卡斯的事，想知道我要做什么。我已经习惯了恨他或爱他，我需要他在我的生活中，这样我可以用一些东西占据我的头脑。恨和爱是一样的东西，只是相同情感的消极和积极的两面，相同的行为，相同的感觉。而我，因为冷漠，而绝望。

当他打电话给我的时候，我有可以抓住的东西，有可以生气的东西，有可以唠叨的东西，但是当没有电话的时候，我会在哪里呢？这里没有可以取代我说废话的东西，我需要每天说点废话。我沉迷于它，这就是为什么我不能够得到更多。我说我不想要它，我说我不需要它，我说没有它我会好一千倍，但很快我就无法忍受没有它的时刻。

1月20日 下午3：15

团体治疗上，在等待病人陆续来的时候，我迷失在自己的思绪中。我终于明白，我和卢卡斯的时间已经耗尽了，就好像有一个到期日期。我知道我需要马上和卢卡斯正式分手，否则我会失去勇气而回到他身边。我想了好几天，头都想炸了。我想，没有他，我会好起来的，他不能再伤害我了，我无法拯救他。

现在人到齐了，我们围坐成一个圈，没有小声说话的了，女士们都期待着我提出主题。

“嗨，大家好。今天，我想让大家讨论一个可能对你们有些人来说有点困难的话题。如你们所知，这里是一个安全的空间，你们可以畅所欲言。在这里，每个人都会变得更好，会花时间在自己的身上，重新振作起来。有时候，能够面对可怕的事情是很重要的，这就是我们今天要讨论的。”

“我们要讨论丈夫吗？”南希问道。

“或者说，我想谈的是家庭虐待。暴力。”

“呃——”安娜向后靠着，抱着胳膊。“丈夫”。我对安娜使用“丈夫”一词感到有点惊讶，因为她是同性恋，妻子是她的施虐者。

闷闷地没人回应。我环顾四周，看到几个病人心不在焉地摸着伤疤，把胳膊抬起来往下看。我意识到自己眯着眼睛，捋着头发。

“你的意思是说这个房间里的每个人都有一个家暴的丈夫吗？”塔莎万卓雅问道。

“呃，不一定是丈夫，但是，这个房间里的每个人都是被虐待的幸存者。”我希望他们不会问，我是否包括在内。

“我们要分享我们的故事？”南希问道。

“如果你愿意的话。这里是一个安全的空间，有时候分享也可以帮助你。你想说说吗？”

“好的。我可以说。我叫南希。我是家庭虐待的幸存者。我结婚有一段时间了，我的丈夫格伦在生气时经常打我。这就是我的故事。”

“嗨，我叫安娜。我有一个妻子，她也打了我。”

“很棒，女士们。感谢你们的开头。还有人愿意告诉我们一些你经历的事吗？谈论它可以帮助你们恢复。”

“你应该继续说。”安娜向南希点头。

“好的。呃，我结婚四年了。我们有个女儿，是他和前妻生的。她在工作之余，跟我和格伦一起生活。我很喜欢她在的时候，因为有人在的话，格伦就不会打我。很有意思，即使现在我想起他，我也不生他的气。我感到内疚，伤心，有时候害怕。我一直找我能做得不一样的事情，这样他就不会生气了。”

“我也是！我也总是这样想。”露西接着说道，“就好像我记得他讨厌我穿粉色的裙子，那么我就不会穿，这样就不会让我陷入困境。”

“是的，”南希继续说，“总有什么事会让他们生气，总有会让你陷入困境的东西。”

“我还想讨论的一件事是离开。你们是怎么摆脱虐待的？”不知道他们的故事能不能帮助我，我想知道大家都是什么感觉。

“格伦被捕了。他进了监狱，我的情况就不复存在了。有一个社工跟我说，她会帮我找律师，帮我申请离婚。他现在还在监狱里。”

“你是怎么有勇气跟他说的？”塔莎万卓雅问道。

“我没有跟他说。他因入室盗窃而被捕，我没有告诉警察或律师他打我。我太害怕了。”

“害怕，”我试着不去想自己蜷缩在厕所和墙壁之间，用胳膊挡住头，“经常受到虐待的受害者不敢向警方报案。那么你们为什么会这样想呢？我们不应该寻求帮助吗？是什么阻止了我们？”

“因为，没有足够的证据吧？男人总是会说谎，总是说他们从来没有碰过你，说你摔倒了，或者你喝醉了。如果警察相信他，而不是你呢？”露西说着。

“他们总是对你说，如果你告诉别人，他们会杀了你。格伦说他会把我埋了，没人会知道。”

“我妻子打我的时候，或者她结束的时候，她会告诉我她爱我，她很抱歉。有时她会哭，告诉我她并不是有意要伤害我。我为她感到难过，我不想让她惹上麻烦。”安娜说着，她的手臂上有一条长长的伤疤。我想起卢卡斯给我扔冰袋的场景。

“如果这是他爱我的时候做的，那么他恨我的时候会怎么做？”我看着从我嘴里出来的话，仿佛是吹的一个漫画泡泡，我想在任何人听到之前把它们吸回来。

“是的，萨姆小姐，让他们恨你的最好办法就是让警察介入进来。”在我被暴露之前，南希把注意力从我身上吸引走了。

“害怕自己会无处可去。”戴安娜说，“房子是他的。车是他的。如果我让警察介入，把他带走，我再次无家可归。钱是他的，一切都是他的。”

“所以你觉得你不得不忍受这种虐待，”我说，“为了避免无家可归？”

“是啊。朋友也是他的。”苏说，“当我想弄清楚我是否可以离开他时，我所有的朋友都是他的朋友。我会孤身一人。我们已经结婚这么久了，我认识的每个人都是通过他，在他面前，我被孤立了。所以如果我离开他，或者报警，我就没有房子，没有车子，没有钱，也没有朋友。所以，更糟糕吧？”

苏在一群网络上的幸存者的帮助下，逃脱了虐待，他们在夜色的掩护下，把她转移到各个秘密的隐蔽地方。在她离开之前，她的名字还是丽贝卡时，差点儿被打死。她的眼窝都被打断裂了，一根裂开的肋骨刺破了她的肺。

“你使用了孤立这个词。许多施虐者都有一种孤立他们的受害者的模式。让她们远离朋友，家人，有时甚至让她们辞掉工作，离开自己的家。其实是一种控制。”我想起卢卡斯让我和他同居，离开我的公寓，离开我的独立，强迫我依赖他。

“我总是觉得这很尴尬。”克洛伊说，“就像我应该能够处理它一样，我应该能够让他停下来。我想，如果我告诉别人，他们会同情我或者评判我，但我害怕他们会认为我软弱。”

克洛伊是一个在常春藤名校受过教育的女性，在金融领域有很长的职业生涯。她在曼哈顿的一家大银行工作，当时银行界的女性很少。她那共同生活了近 20 年的丈夫定期吸毒并强奸了她。她会穿着不属于她的衣服，在她不记得去过的旅馆里，或在她不认识的社区里醒来。后来她把录音设备藏在手提包里，才知道发生了什么事情。

随着女人们继续分享她们的生存故事，我发现自己陷入了自己的故事中。

当她们对比武器时——皮带、拳头、瓶子——我想到卢卡斯总是在浴室里揍我。当苏说她的丈夫知道如何打她而不留痕迹时，我想，卢卡斯是否在其他女人身上练习过。

当南希说触发格伦的是愤怒，当露西说触发朱利叶斯的是嫉妒，当安娜说她无法预测触发点时，我想起了卢卡斯和酒，我想知道如果他清醒的话会不会停下来。

当我们列出女人可以逃脱的所有的不同方式时，我在想为什么我还没有离开他。

1月24日　上午10：44

“所以，今天是交易的第一天。”理查德走进我的办公室。他看起来既欢欣鼓舞又忧虑。

“你是这么称呼的吗？我称之为‘勒索’。”

“你就打算一直跟我这个德行吗？我说过，这是双赢。”

“我们先来解决这个问题——我需要完成你的档案。开始吧。”

他笨拙地在椅子上挪动，沉思之后回答：“我不知道该说些什么，你不是应该问问题吗？”我猜他这样只是想拖延时间。

“你没有什么想要说的吗？”我很害怕问理查德谋杀的细节。也许现在我们都在蠕动。“好吧，要不把你几周前讲的故事讲完吧，关于你的母亲。”我问过他之后，就把目光移开了。

“关于我母亲的什么故事？”理查德坐下来，开始有条不紊地做起他的事来。把报纸堆在我的桌子角上，拿出两瓶龙舌兰，把帽子放在报纸上。他把瓶盖拧开，递给我一瓶。当我们的瓶子碰到一起时，他说：“什么故事？我跟你说什么了？”我们喝了一口酒。

“理查德。你说因为你杀了你的母亲，所以你进了监狱，”我结结巴巴地说。理查德把我的空瓶拿过来放在外套口袋里，又给我递了一瓶。

“这种酒你得一瓶以上，我也是。”在理查德开始他的故事之前，我们再次进行了这个例行程序。

“我有一个特别的母亲。她是一个单身妈妈，没有男人在家里帮忙。我也没有兄弟姐妹，只有她和我。伍德赛德几乎是一个爱尔兰人的社区，所以即使不那么安全，但因为我们是爱尔兰人，她也就没有什么害怕的。我还是个孩子的时候，我爸爸就去世了，她过得很艰难。”

理查德看着窗外，开始讲他的故事。他的腿笔直地伸在面前，双手放在腹部。气氛很奇怪，我不知道该怎么做。龙舌兰使我的感觉迟钝，但只是轻微的，我还处于高度戒备状态，因为我害怕。我真不敢相信他居然能让我同意喝酒。

“我不讲这个故事了，萨姆。”他回头看着我。

“我不和病人一起喝酒，理查德。是你要求的，你说你想被平等对待，而不是一个病人。”

“很公平。好吧。我不……我不知道该怎么说。”

“我希望听到你愿意告诉我的一切。”一个标准式回应。

“哈，‘一切’，女人啊。”他深吸一口气，重新开始，“讲起来很复杂。我和我母亲弗朗西斯住在一个三口之家的房子，靠近特林布尔，六十四街区。你知道伍德赛德吗？”我点了点头，我对伍德赛德唯一的了解是它在皇后区，除此之外，什么都不知道。

“房子不怎么样，但对我们来说已经足够好了。7号线的高架桥就在附近，所以能很清楚地感觉到火车昼夜开过。墙壁会晃动，东西会从货架上掉下来。我一直在大扫除，因为东西一直掉下来摔碎。”理查德正在看街对面脚手架上的男人,揉着他的拇指。他调整了坐姿继续讲。

“我小时候爸爸就死了，我不记得他了。我听弗朗西斯讲过很多事儿，但我不知道什么是真的。除了我，她没有其他的亲人，因为在皇后区最危险的时候，她的兄弟姐妹搬走了。

“她告诉我，他们去了俄亥俄州，在那里抚养一个家庭更安全，但是她留下来，是因为她想和我父亲在一起，他在皇后区的工作很好。他去世的时候，她本可以离开，但是她说，她的家人并不希望我们去俄亥俄州，因为我是一个‘私生子’，会影响他们，所以我们不能离开伍德赛德。”

“你父亲是什么时候去世的？”我问，啜饮着咖啡。

“我还是个婴儿的时候，也许是1962年，或者1963年。我不知道确切的时间。”

“你知道发生了什么事情吗？”我本能地拿起一支笔，拿起本子，想把他说的记下来。我突然想起这是笔交易，我不应该像对病人一样对待他，所以我又把笔放回笔筒。

“我知道他是在工作事故中丧生的，但是我不知道细节。弗朗西斯跟我说，因为她和我父亲没有结婚，所以公司不会以金钱或任何利益形式帮助她或我。她一直很生气，一直放不下这件事。说她有儿子，是因为我父亲想要一个儿子，然而现在却没有人来养我。她恨那家公司。”

“你父亲是做什么工作的？”

“施工队。我猜，他是一个盖房子的人。没有受过教育的爱尔兰人，在20世纪50年代没有太多的机会。要么去酒吧，要么去工地。所以，可能是个盖房子的人。我猜他是从屋顶上掉下来的，但是我一直没有找出当年的真相。他死后，就剩我和弗朗西斯了。”

“那对你们俩来说一定很难。”

“你会写下所有这些？我不想把这个故事写下来。”笔记本还在我的桌子上，但我没有记下任何笔记。

“我不是在倾听你的治疗师，记得吗？你也不是我的病人。这是一个人与另一个人的交谈，就像你说的。”

“所以你不会问我对这一切感觉如何？”他用手指着我。

“我尽量不问。”

理查德给了我一个难以置信的侧目，手放在脑袋后。胳膊肘伸向两边，在我太小的办公室里，几乎占据了整个空间。

“她是一名教师，所以我都在私立学校上学，直到1968年教师罢工。她参加了所有的抗议活动，并挥舞着一个牌子。她对其他女人都很生气，但她从来没有真正想要为任何事而战，她只是想打架。罢工结束后，她拒绝回到‘特蕾莎修女的家’，因为她说她太不受尊重了。她再也不想见到她们了，我再也不能去那里上学了。我在二年级后就离开了，不得不上公立学校。

“因为我的生日是在夏天，所以让我转学是个问题，他们不确定我应该是上四年级，还是三年级。我书读得很好，没有过纪律处分，而且因为罢工后，学校变得拥挤和混乱，所以我跳过了三年级。我记得弗朗西斯跟邻居们说，我是最聪明的孩子。

“我在新学校的表现很好，我不得不努力取得好成绩，因为弗朗西斯想让每个人都知道我很聪明。

“那时候情况变得糟糕了。她没有真正的工作，只是在一周的几天里靠打扫别人的房子谋生。她对此很生气。每当我放学回家，她就会强迫我打扫我们的房子。

“她会坐在厨房里那张黄色的塑料椅子上，头上系着一条围巾，抽着烟。她会把烟灰弄在地上，然后让我把它清理干净。火车一过来，就会有什么东西摔碎。她总是把那些小饰物、花瓶和精致的东西放在那个架子上，她知道它会掉下来，摔碎。

“我记得有一次，她的黄色椅子旁边的凳子上放着一瓶苦艾酒，火车一到，瓶子就掉下来了。她一整天都在喝酒，房子里剩下的只有一瓶苦艾酒。那是她第一次打我，我 9 岁。”

“你还记得？”我打断了他。

“我当然记得。不管我多想忘记它，都忘不了。我记得闻得见的味道。我记得瓷砖的颜色和水泥的斑点。我记得我想知道地毯会不会被打坏。她的一条鞋带开了，我担心如果她看到了，我会再次被打，所以我想把它绑起来，那时我正在给她清理脚上的烟灰。

“酒瓶倒下时，她尖叫着让我捡起来。我拿着扫帚，正对着另一个房间的门口。我走过去要捡起来，当我弯下腰时，她踢了我的肋骨。她说，我浪费了它。她说这些淌出来的，我得更快地把它们捡起来。我把酒举起来给她，她就从我手里夺了过去。她不停地拍打着我的头，说我浪费了她的药。我不记得她是否狠狠地打了我，但我记得声音在耳边响起。我什么也没说，因为她喝醉了，如果我说话，情况会更糟。她把我推开，让我从头开始打扫。”

只有被打了一巴掌，才会听到声音在耳边响起，我知道那种痛。

我也知道那种声音。在我听理查德讲这个故事的时候，我有种代入感。

“我们没有清洁手套，所以我的手在漂白剂和清洁剂里泡得全裂了。她会在睡觉前过来告诉我，重新打扫。我整晚都在打扫，直到第二天早上我去上学。我的全身几乎都是漂白剂，裤子的膝盖也破了。”他的目光回到窗外的男人身上，声音开始变小。他倾身向前，看着我的桌面时钟：“如果我继续说下去，你就没有时间说话了。”

“没关系。这次面谈可以为你所有。”我说，感觉他在讲述我的故事一样。

“这不是交易。”他调整了一下坐姿，“你打算告诉我点什么？”

我耸耸肩，睁大眼睛：“你想知道什么？”

“你为什么把这些酒藏在你的抽屉里。”

“好吧，”我开始放松警惕，“当时我需要它们。一切都崩溃了，酒就是我的一切。你也说过，我是个酒鬼。”

“如此而已？”

“不，不是那样，但是我们没有时间了，如果我们要打破这样的规则，那么你得给我一点时间来适应。”

“你打算告诉我发生什么事了吗？”他真诚地问道。

“也许我会在下次告诉你。”我翻着文件，整理书桌。“我也不讲我的故事，你知道，”我说着，向他的方向摇着一个笔记本，“病人用我自己的酒来勒索我，然后把它们送给我，并向我询问我人生故事的血淋淋的细节，并不是每天都会发生。所以，”我大声嘲笑，“原谅我无法当成是‘如鱼得水’。”

“我没必要喂养你。我给你带这些酒来，是消耗我的保证。我只是觉得如果你喝点酒的话，会无所不言。”

我把笔记本扔进书桌抽屉里。理查德拿起报纸，把帽子戴上。当他走出门时，我才想到，他没有告诉我任何关于杀死他母亲的事。

1月31日　上午11：02

理查德已经在我的办公室里坐下来了。帽子和报纸放在办公桌的一角。四只小瓶灰雁已经摆在那了。

“1970 年弗朗西斯开始在谢亚球场工作。大都会队在 1969 年夺得世界比赛的冠军后，她觉得在谢亚会赚钱，因为这支球队如此受欢迎。作为女性，唯一能做的工作就是服务生或者洗手间侍者。她当过服务生。大家称之为啤酒女。她会带着啤酒和热狗，推销给那些粉丝。有时候他们喝醉了，她就会得到一笔很大的小费，但有时一分钱也没有。”

“你有没有和她去过比赛现场？”我问道。

“没有，我从来没有去过谢亚。我想我永远也不会去。你是大都会队的粉丝吗，萨姆？”

“不是，我是扬基队的粉丝。”我在电脑后拿出一面扬基队的旗子，朝理查德的方向挥动。

“弗朗西斯也不是大都会队的粉丝。她只是去那里赚钱，她不关注棒球。”

“她在那里工作时你多大？”

“1970年，我八九岁。那时候我已经上7年级了，我记得因为那里所有的孩子都喜欢大都会队员，听说我母亲在谢亚，每个人都非常兴奋。他们总是要求我给他们讲，因为他们认为我去看比赛肯定是免费的。我就跟他们说我都做了什么，我不想让人知道我以前从没看过棒球比赛。”

“你从没去看过球赛？”

“我成长的时候去不了。后来我在监狱里，所以也没去看过棒球比赛。”

“说得通，但你得去一次。这是世界上最棒的事情。那是自由，是美国，是精神。你必须得去一次。”我用手指转动旗帜。

“我被困在精神病院，你跟我说自由和精神？”

“是的。有时候，这是我唯一能感觉活着的事情。”我想象着我在扬基球场的球场，我用力闻着场内的气味。我听着鲍勃·谢帕德和人群的尖叫声。我看着记分牌亮起来。突然，理查德把我拉回来。

“等我从这里离开的时候，我会试着去看一场。”

“你真的应该去。对不起，你继续。”我现在回到我的办公室了，棒球比赛的声音已经消失了。

当理查德张开嘴巴要继续时，我的椅背被办公室的门撞了一下。我听到了铰链的嘎吱声，门开了个缝，我飞快地转过身来，站起来。

“肖恩！”**我居然没锁门！**

“嗨，医生。我们面谈的时间到了吗？”

“肖恩，你吓了我一跳！”我耸了耸肩，跌跌撞撞地走过我的椅子，拉着他站到走廊上。我的桌子上还放着四瓶明晃晃的灰雁呢。我“砰”

的一声关上门："我现在正在和另一个病人谈话，肖恩。你不能这样闯进我的办公室，对吗？在你进来之前，要先敲门。"我的眼睛睁得大大的，头发蓬乱，怕被当场抓包。

"对不起，医生。我以为到我们面谈的时间了。"他看见了吗？他看到瓶子了吗？

"不是现在。我们的面谈在下午2点。现在还不到中午呢。再去看看你的时间表。我现在得回到我另一个病人那里，好吗？"吓得我都冒汗了，我走回办公室，锁上门，检查门锁。然后把铰链往后拉，这样就开不了了。安全了。我倒在椅子上，没有看到瓶子。

"你把它们藏起来了没？天哪！"

他打开夹克的一边，就像街上贩卖赃物的人一样，向我展示了口袋里的瓶口。

"谢天谢地！"我把头靠在椅子上。

"我说到哪里了？"理查德说，把瓶子拿出来。他根本没有意识到我们刚刚差点儿被抓到，或者被看到。

"谢亚球场，1970年。"我仍然喘不过气来。

"对，谢亚。大都会队在世界大赛中获胜后，弗朗西斯开始在那里工作。尽管她不再需要打扫房间，而且还赚了点钱，但她依然没有变得快乐。

"她仍然坐在那把黄色的椅子上整晚喝酒，还是会让我打扫房间……我想这对她来说肯定是一段艰难的时期，因为当我清理厨房的时候，她会哭着跟我说，没有人赞赏她，她总是在为所有人做事，但没有人为她做任何事情。

“她似乎从来没有睡过一个好觉。她有头痛，会让我关掉所有的灯，她头痛时会拉上窗帘。让我不要说话，给她一点冰块，然后自己趴在沙发上呻吟。火车过来的时候，她会做鬼脸，像死了一样。我记得我很想帮她，但是我害怕离她近了。”

“偏头痛？我也有。你害怕的是什么，你靠近她时，会害怕她发疯吗？”

“我从来不知道她会怎么样。即使她痛苦万分，仍然可以尖叫着打我。其他时候，她会告诉我，我是她在这世界上唯一关心的人。很令人困惑，我也不懂。所以，这让我害怕。每当她心情好时，我就很兴奋，我希望能持续下去，但是之后，她就会把我从毯子里拉出来。就像头一天她爱我，需要我，第二天她就恨我，说我毁了她的生活。”

“你那会儿还那么小，理查德。你不可能理解。”我的心为他而难过。脑海里浮现出这样一个画面：一个穿着破裤子的小男孩，穿着脏兮兮的衬衫，手里拿着拖把，盯着他生病的母亲，火车从头顶经过。我想跳进这个故事里，保护这个小男孩。

“是啊。我记得自己当时很困惑。有一天，很糟糕的一天。那是周六或者周日，大都会队的比赛是在下午。弗朗西斯整整一夜没睡，让我一遍又一遍地打扫。她又哭又喝。即使在她喝醉或伤心的时候，她也不会在公共场合乱七八糟的。除非她准备好，否则她不会让任何人进屋。所以她去上班时，脸上都化好妆，穿着一身干净的制服，而且非常漂亮。

“那是一个阳光灿烂的日子，我和邻居的朋友们一起出去玩，就在附近玩耍。弗朗西斯要求我，在她回来之前回家，因为她说她不想担心我在哪里，她不想给邻居负担，让他们照顾我。我记得那天下午我和朋友们玩得很开心，没人有手表，所以我们不停地看着太阳来猜测时间。没有人知道怎么看，但是附近的一个小孩，杰西，他总说是中午，所以我们都不用回去。杰西比我们大，我们就听了他的话。中午过了几个小时，我们说了再见，回到了我的房子。”

我听着理查德的这个故事，脑海里浮现出《沙地传奇》《布朗克斯的故事》以及《边缘日记》里，脏兮兮的男孩在外面玩耍的场景。我想象着理查德穿着脏衣服，在尘土飞扬的沙地上玩耍，像扔飞盘一样扔着银色的轮毂罩。

“我走进门的时候，弗朗西斯坐在她的黄色椅子上。我说我很抱歉，我回来晚了。她抽着烟，我记得灯光一直在捕捉从她嘴里冒出来的烟，我觉得她看起来像一条龙。她跟我说，那天谢亚球场发生了一件特别的事情。如果我把自己清理干净，她就会告诉我。我换上衣服去洗脸。没有听到她进入我的房间，当我看到她在门口的时候，我正在穿短裤。”

理查德的声音变得遥远，不再面对着我。他把目光又锁定在街对面的脚手架上，搓着大拇指。

“她手里拿着一个大棒球棍走进我的房间。她伸出手让我看，并告诉我这是大都会主场日的棒球棍。当我伸手去摸球棒的末端时，她开始朝我挥舞。她突然跃起，像敲钉子一样打我。我试图挡住头，她冲着我大喊大叫，让我像个男人一样站起来。她说，如果我像男人一样贬低她，我就应该像男人一样挨揍。她不停地打。后来她终于停了下来，倒在地上哭了起来。我的房间一片乱。我的两只胳膊都断了。她说，看看你都让我做了什么。”

我忍不住大口喘气，捂住脸。我眨了眨眼睛，把眼泪憋了回去，所以他没有看到。他的胳膊被打折了，这就是为什么他会无法弯曲左胳膊，并且胳膊肘向外突。他转向我，继续讲这个故事。

“她看到我的胳膊断了。她回了她的房间，换了衣服，化了妆，尽管我的胳膊断了，我还是试着穿衣服。我无法穿上衬衫，但我穿上了裤子和鞋。她回到我的房间来找我。她把围巾裹在肩上，把我带到街区的医生那里。

“那段时间，社区里有一个医生，会照顾受伤的孩子。我不知道有没有人付钱给他。我没有拍过 X 光片或打过石膏，因为我从来没去过医院。那个医生给我做了夹板，用棉布和纱布包起来。然后，他把我的胳膊弯到肘部，吊起来。那天晚上我们走回家，她跟我说，我不能告诉别人发生了什么，因为如果人们知道我有多坏，他们就会把我从她身边带走。”

“理查德，你不坏。这不是你的错！”我用手背擦了擦眼睛，伸手去拿纸巾，“你妈妈不应该那样对你。”我不再掩饰泪水，当他看到的时候，他脸红了。我知道这是什么感觉，我知道被打时的感觉，会相信自己唯一知道的东西：是我的错，是我自找的。我很清楚那种感觉：“她病了，理查德。你没办法阻止她！”

“我知道。她病了。病得很严重。”他又望向窗外，我知道故事已经结束了。他深深地吸了一口气，双手放在膝盖上。

“轮到你了吧？”他说道。他试图把刚刚的情绪从自己身上推开，把重担压在我身上。

“——是的。但是你刚才的话，让我很难把注意力集中在自己身上。我不敢相信你是这样长大的。”我应该告诉他关于我的故事吗？关于卢卡斯的？我应该告诉他，我很明白他的感受吗？

“事情并不总是这样的，也有一切都很好的时候。她并没有一直伤害我，但我觉得那些故事很好，是你想要听的。对吧？在监狱里，每当他们问我关于自己的事时，他们只是想听那些乱七八糟的。没有人想知道我早餐吃的是麦片还是牛奶，或者我妈妈总是希望我有好成绩。他们不关心我是不是从来不用担心食物和衣服，甚至有没有钱。他们只喜欢听那些捏造的故事。”

“刚刚跟我说的故事，你跟别人讲过吗？”

“没有。我在那里的时候，我只是自己待着。他们让我做什么我就做什么，然后我就一个人待着，读书。他们说我在监狱里读再多的书，也无法获得学位。”

“你很喜欢读书？”我还没准备好告诉他关于我的事。我把注意力放回到他身上，侧耳倾听。

“是啊。我一直喜欢读书。因为不用跟书说话。”

我脑海想象着理查德在监狱里的样子，内心大笑，他揣着一张法拉赫·福西特的照片，脚踩着水泥地，读着《战争与和平》。

“你的胳膊痊愈了吗？”我问，尽管我知道没有。

“大半吧。这一条弯曲得很有趣，但正常手臂能做的，它也能。当时那些夹板放了很长时间，让我很难享受夏天，但我仍然可以读书。我待在家里的时候，她并没有发疯，所以那一年对我来说，也许是个好夏天。”他看看我，又看看我的时钟，然后又看着我。

“这次你什么也没有告诉我。所以下一次，你要讲你的故事。”他站起来，轻轻地拍了拍我的肩膀，然后从我的办公室里走了出去。我一个人待着，一遍又一遍地想着他的故事。他和我一样，没有父亲。他发现自己被虐待而感到内疚，被排斥和困惑所压倒。和我一样。理查德也需要找到一条出路来拯救自己。和我一样。

2月2日 晚上9：37

我坐在我们都知道最终会发生什么的晚餐桌前。不管出于什么原因，我们认为餐厅越高档越好。我猜是因为，在高档餐厅里，出于我们都有一定的礼仪，我们就不太会把想刺穿对方的想法写在脸上。

卢卡斯非常聪明，他没有用一些辱骂性的言辞，或政治观点来填补任何沉默，而是用恭维和毫无根据的赞扬来嘲讽我。这可能是一个绝望的尝试，来阻止呼啸而来的列车，但我对他的魅力却免疫了。尽管他努力破坏我的意图，但我现在还是在和他分手。

我感觉自己像在看电影，看电影中的角色萨姆·詹姆斯和卢卡斯分手。

卢卡斯靠在椅子上，手指紧紧地捏着杯脚。他看着我，又没有看着我。现在是时候了。

“我不能再这样了。”这些话是从我口中出来的。我甚至能感觉到，每个字都在喉咙里震荡着声带，但我感觉不到我在说它们。

他开始在餐桌上哭泣。我感到很尴尬，不希望别人注意到我们。他现在一团糟。他在哭哭啼啼之间来回穿梭，他不是一个好男朋友（这是超现实的，因为他从来没有对我好过，但他从来没有在我面前承认过），他易怒，这不是他的错，他有问题，但解决问题不是我的工作吗？

卢卡斯的双重人格正融合成一场哭泣的灾难。我们的服务员有礼貌地假装没有看到，轻轻地将主菜单放在我们面前。

“我不能失去你。我知道我需要变得更好，我知道我不能继续像以前一样，我会改。我向你保证，请不要离开我。”每次发言之间，他都喝一口酒。

就在我要回应的时候，他清了清嗓子，他的身上发生了明显的变化。他的眼睛似乎重新聚焦起来，眉头也皱了起来。他悲惨的灾难的气氛似乎也消失了，他重新变成了一个十亿美元合并案的冷酷商人。他放下酒杯，向女服务员示意。他刚才的哭，似乎没有使他的眼睛发红，脸颊上留下痕迹。相反，就好像一切是我想象出来的，他身上没有任何情感流露的痕迹。当女服务员过来时，他点了一杯双橄榄伏特加马天尼。

“萨姆，这不是一个合理的谈判。我在这里倾心吐意，你却丝毫不动容。你如何期待我对此做出回应？”

“等等——什么？”我差点儿失去平衡。

“我叫你搬来和我住，”他开始说，“你拒绝。我试着理解你的行为方式，而你却蔑视我。如果你真想把注意力放在我身上，你也那么做了，那么也许我就不会和别的女人上床了。你有没有想过你在这一切中扮演的角色？”

“你是在告诉我，你和别人睡了，是我的错？”我微笑着，难以置信。

“不是，萨曼塔，你应该学会倾听。我说‘你的角色’，我没有把所有的责任都推到你身上。我知道我在这方面也有问题。”

“你知道你在这方面有问题？只是这方面？我没有把你粘在别人身上，我没有把自己扔到墙上，没有把脸撞到马桶上，也没有打自己脑袋的两侧。是你。”

“我已经为此道歉了。你知道我的脾气，如果你学会闭嘴，我就不会生你的气了。”他喝完他的酒，示意再来一杯。小棍子上的橄榄要掉下来了。

我开始意识到，我正在和一个情绪化的恐怖主义者进行谈判，我永远无法了解他。我的目光呆滞，我的意识从谈话中消失。我能感觉到我的嘴巴在动，但我不知道我在说什么。我能感觉到酒的凉爽感，但是不觉得我在喝酒。我看到我的手伸进我的钱包里，但我不记得是要我付账。当我推开椅子站起来的时候，我听到椅子的刮擦声，但我不知道我说的最后一句话是什么。当我拿掉卢卡斯的钥匙，我感觉到我的钥匙圈是我的钥匙圈了。当服务人员看着我走的时候，我看到他们高傲的微笑，但我感觉不到我的脚落在地上。

我是飓风过后的房子。我必须等风停止，然后把客厅里的碎片收拾好，把地板上的沙子擦掉，再把它们补好。我会拉出破碎的窗户并安上新的。我会在附近到处走，直到找到我的屋顶。我会把屋顶拖回院子，一块一块把它们重新拼好。下一次，飓风来临，吹着我的门说“小猪，小猪，让我进去”，我会说“就用我小下巴上的一根汗毛也想吹倒房子”。

2月7日　上午11：22

“我第一次被捕是在1977年。你知道‘77大停电’吗？”理查德递给我两小瓶杰克丹尼，然后摘下帽子。从一开始的被胁迫平等对待他，现在已经演变成简单的饮酒和分享故事的日常。我让他向我敞开心扉，他做到了。但到目前为止，我一直隐瞒自己的故事。

“嗯，我还没出生，但我知道这件事。”几天前我们差点儿被抓到，所以今天我从饮水机里拿了两个小塑料杯，“我把酒倒在这里，小心点也好。”他点点头，递给我另外两个瓶子。我把它们倒入小杯子里。

“停电的时候，我快满16岁了，我和朋友们玩得很傻。我们很无聊，很热，灯都灭了，所以我们一起去商店。”他把空瓶收起来，塞进衣服里边的兜里。

“真的吗？我觉得你是个好孩子。”我把嘴上的威士忌擦掉。

“那时我是个青少年。青少年时的思想都很叛逆。”

“这倒是。”我双手倚在脑后，听着理查德的故事。我过去常常偷酒，不用等停电。我记得我穿着一条超大号的裤子，系一条破烂的皮带。裤子里面再穿一条普通的裤子，我把偷来的酒放进普通裤子的兜里。巨大的牛仔裤会掩饰凸起，而收银员通常会把我赶出去，不知道我偷东西。因为他太年轻了。

“我们偷酒、香烟和苏打水。我们认为我们永远不会被抓住，因为大家都这样做。那天到处都在着火，警察没有办法控制。但是我们被抓到了，我们所有人，我和杰西，还有其他孩子。我们被扔进一辆囚车的后面，被带去登记备案。我记得我们很害怕。我们在车后面，什么也没说。

“我们去登记备案的时候，那里太拥挤了。有一长串的孩子录指纹和拍照。我记得当时我的手心都是汗，所以我不得不一遍又一遍地把手指印在墨水里。我没有驾照，那时我们没有一个孩子有身份证，因为人太多了，他们只让我们提供自己的名字，然后就完事了。我没有告诉他们我的真实姓名，因为害怕。当时我正在读《美国人》，所以我告诉他们我叫亨利·詹姆斯。他们记录了我的名字，把我定成了亨利·詹姆斯。我还真希望我能留一份大头照的副本。”

“他们都懒得检查？按说你不应该能逃脱惩罚的。”我喝完了我的酒。

“是啊，他们什么也没检查。那里太拥挤了，因为所有的孩子都在抢劫，而且又太混乱了，不检查似乎也没有关系。杰西和我关在同一个牢房里，里面有很多人，而且很热。然后他们带进来所有的黑人和黄种人，才是一场真正的混乱。”

“黑人和黄种人？拜托，现在都不用这种叫法了。”

“那时候是。那时候是种族主义时期。这就是这个故事的疯狂之处。所有的米克警察都是种族主义者，牢房挤不下时，他们就会让白人孩子离开。他们拿着警棍进入牢房，把黑人和亚洲人推开，抓住白人孩子的衣领，让我们离开。他们用黑人和亚洲人来填满牢房。他们让我们走了，我和杰西。”

“他们就让你们回家了？让你们走了？你被罚款了吗？传票呢？”

“没有。什么都没有。就好像从来没有发生过一样。当时如此混乱，然后我和杰西突然就又回到了街上。我们不得不走回家，因为车都停运了，而且太热了。空气很浓厚，让人难以呼吸。我们一直在跑，然后才敢慢下来，看看发生的一切。汽车翻了，建筑物着火。到处都是被砸碎的窗户玻璃。人们只是站在街上四处张望，想知道该怎么做。整个城市闻起来很糟糕，而你能听到的只有噼里啪啦的大火声。”

“我记得在电视上看到过，但我无法想象现场是什么样子。我赶上了 2003 年的停电，但是和你描述的不一样。”我把脚放在桌子上，靠在椅子上。

“那是一个疯狂的时刻。那天晚上我回到家，杰西送我到家门口，我们约定，永远不能告诉别人我们被逮捕过。当时杰西已经 18 岁了，如果有人知道，对他来说会更糟。他告诉我他用的名字是吉姆·莫里森。”

“后来又被捕了？”

“嗯，当然咯。因为指纹是我的指纹，所以我进监狱的时候，资料已经在系统里了。但他们不知道我的真名。停电两年后，我就进了监狱，但我仍然没有任何身份证件。没有家人，没有人为我担保，所以我觉得是我名字的问题。在停电被记录在案的那一天起，我开始喜欢被人叫亨利，所以有时我会告诉别人，这是我的真名。

"有点像不同的身份，是吧？"我希望我有时也可以有一个不同的身份，躲在比我的专业声誉更有适应力的身份后。

"是，差不多。也许我想成为另一个人，因为当我审视我的真实生活时，成为我并不太好。"

"你什么时候再用的理查德这个名字？"

"我在监狱时，又开始把自己想象成理查德。但是没有人在监狱里叫你的名字，所以这只是在我的脑海里。当我出去的时候，我去了过渡教习所，那是每个人都开始叫我理查德的时候。"

"弗朗西斯管你叫什么？"

"她叫我里奇。"他伸手到兜里掏酒，掏出两瓶银樽龙舌兰。当他把瓶子放在我的桌子上时，我发现自己在阻止他。

"今天不要再喝了。今天你已经讲了你的故事，我们不需要再喝了。"

"你确定？你还什么都没有跟我说，你确定不需要吗？"他用手指捏住瓶子。

"不需要。我需要一个清醒的头脑。"我深吸一口气，紧紧抓着椅子的扶手，"几个星期前，你问我为什么把这些酒藏在我的办公室里。"

"是的，我记得。"他把瓶子夹在膝盖之间。不太紧，也不松。

"嗯，这些天我一直在想，我越来越了解我为什么喝那么多了，而且我不认为是因为我生活中那些乱七八糟的事情。"我紧紧地闭上眼睛，不确定我想看他的反应。

"我明白。"

"你明白？"我睁开一只眼睛看着他，"你为什么觉得我喝酒？"

"萨姆，人们不喝酒，是因为搞砸的事情发生了，人们喝酒，是因为是**他们**搞砸的。”

“你知道我搞砸了？”我睁开眼睛，双手滑落到我的腿上。

“我知道你不开心。我知道你过得不好。我知道你一直掌控着自己的生活，而现在你觉得它们在失控。”

“你怎么知道的？”

“你所要做的就是观察，萨姆。你没有愚弄任何人。”

“理查德，我是在愚弄所有人。”他没有看到超级职业英雄吗？难道他不知道我一直躲在这个光鲜的工作背后，没有人聪明地看出来吗？

“那只是意味着没人在观察。”

“也许这是最大的问题。”

“那你为什么要喝那么多？”

我已经害怕和他分享这个故事了，他非常聪明，有洞察力，让我更难承认事实真相。“我有……我有这个问题，这种疾病。”我的心在跳动着，我准备第一次大声说出这些话，“这个可怕的事情。我一直都知道我有，而且我总是想解决这个问题，但是我从来没有得到正式的诊断。而我只是做了。”我的嘴巴变成一片干燥的剃须刀片，我的胃扭曲成肾上腺素结。我不能说，我不能大声说出这些话。

“你有边缘性人格障碍？”理查德对我说道。

“什么？”唾液在我的喉咙里，“你知道那是什么吗？你知道边缘性人格障碍？”话语从口中吐出来就像呕吐物一样。

“是。弗朗西斯是。”

“天哪。”我惊呆了，愣住了。他知道这是什么？他知道我有？“好吧，够了。我不能和你谈这件事。”我感到头晕目眩。我想宣泄。我以为承认应该会让我感觉好点！

“你也不能和其他人谈论。”

我抱着头，眼泪像河流一样流淌，它们在桌子上发出的滴答声也能听见。我需要逃避。

“我知道那是什么感觉。我知道你正在受苦。”理查德的声音柔和而舒缓。我无法回应。好多话都卡在喉咙里，我什么都说不出来。

“这不是你的错，你知道的。你只是病了。这并不意味着你不好。”

“请别说了。”我忍住了眼泪，从他的腿上抓起了那瓶酒。拧开瓶盖，灌进喉咙里。理查德毫不犹豫地打开另一瓶，一只手递给我，另一只手拿着空瓶子。我喝完剩下的龙舌兰，把头靠在椅子上。头发掉下来了，夹在我的脑袋下面，疼得要命，但我不动，我闭上眼睛，让眼泪滴落在我的耳朵里。我深深地吸了一口气，直到喉咙不再阻塞。我用湿漉漉的双手捂着脸，我知道他不会离开，但我想让他走，因为他现在知道得太多了。我应该把我的嘴闭上。

“这样真不好。我不能这样跟你说话。我不能告诉你发生了什么事。我是来帮助你的，而不是让你来担心我。我不在乎我们做了什么交易。这样是不对的。”

“我不会离开。”

“你要离开。我们不能再这样了。我们不能再有这些面谈了。理查德，我真的不能这样做。”我把这个秘密安全地紧紧地放在我的皮肤、肌肉和肋骨下面，放在我的胃里，但现在它出来了，感觉就像我在办公室里投放了有毒气体，让我窒息。

他没有走。他靠近我身边，看着我，我感觉他的冰蓝色的眼睛正在刺痛我的灵魂，他知道我在这个世界上没有人知道的一些事情，他是我办公室里的一个疯子。

我必须出去。

我必须出去。

我必须出去。

我呼吸得太快，我的心在狂跳，手心在出汗。

我必须出去。

2月10日 上午9：13

我出席早间会议，看到大家已经在里面，坐在会议桌旁。每个座位都发了个文件包，有些员工正在翻阅。几个保安、护理员和门卫站在后面的墙边，他们都拿着这些文件包。我不知道我怎么会迟到，我从不迟到。

大卫在他身边拉出一个空椅子，晃着头暗示我。他还没有看他的文件包。我扑通一声坐在他旁边的座位上，他轻拍着他的表盘，给了我一个居高临下的眼神。**对，我迟到了。那又怎样？至少我没和朱莉上床。**

“既然都到了——”蕾切尔直视着我，“我们可以开始了。很明显，你们已经注意到我们今天的会议上有一些新人。这些人代表他们的团队参加这次重要的会议。这是维修人员萨尔——”萨尔微笑着挥手打招呼，“——杰拉德和阿巴杜，我们的两个护理员——”杰拉德把咖啡举向人群，阿巴杜把头低下，眯着眼睛看着文件包。“——这是保安劳尔。”劳尔岿然不动。他巨大的类固醇肱二头肌在他的制服上凸出来，即使隔着布料，也能明显看到小痘痘的斑点。

“我要求他们今天参加会议，是因为我们需要解决一些我开始担心的事情。

“我分发的文件包是修改后的道德准则。你们所有人都拿到了这些东西的复印件，你们应该熟悉这里的一切。现在，政府那边下达了一些新要求，可能还会添加新的内容。我需要每个人在我正在传递的纸上签名，表明你已经阅读并理解了这些指导方针。”

所有人埋头看了起来，除了雪莉。雪莉根本不在乎道德准则。她一直在这里工作，至少经历过五个这种准则，谁也无法要求她修改她的行为，取悦任何管理者。

加里不停地翻动页面，试图确定他是否违反了规则。大卫靠在椅子上，喝着咖啡。他无视文件包，但一旦他安全地藏在办公室里，一定会研究每一个字。

蕾切尔继续说：“你们会在这些文件里看到，你们不仅要在单位时遵守这些规则，而且在公共场合，包括地铁，与家人共进晚餐，以及任何可以被视为本机构代表的地方。”

“当我在布什威克区的一家酒吧里，我不允许骂人？”加里说着。

“加里，不要从字面上理解每一句话。我们要求你们遵守道德行为的基本准则，一般的礼仪，因为不管你是在这里工作，还是在外面，我们需要你们在单位内外保持专业的形象。”

“这些东西是怎么来的？”我把文件扔回到会议桌上，向后仰，我内心意识到，并且害怕这是关于我的。

“好吧，是因为这里发生的一系列事件，这些事件似乎表明了一些违反道德的行为，更不用说违反法律了。所以，为了让所有人都清楚，并保持我们曾有的道德水平，我们会重新审视在这里工作的员工的预期行为。

“适用于你们所有人。”她用食指和拇指指向桌子周围，像手枪扫射一样，“心理医生，咨询师，保安，每个人。这里，没有人是不受约束的——即便是精神病医生，他们也会在这张纸上签字。”

“什么类型的事件？”朱莉问，她永远不会违反任何事情。

“嗯，萨尔和他的同事在这个单位找到了酒精。”我的耳朵在我的大脑中发出刺耳的尖叫声，我的身体也着火了。我突然意识到我的手和胳膊，不知道该怎么放了。我该怎么样才能不引起别人的注意呢？**保持冷静。没有人在看着你。**

“酒精？”大卫倾身向前，全神贯注地听着。

“是的，像酒店里迷你酒吧里的小瓶子一样。在男人住的那边的垃圾桶里，不同的房间里，还发现了一些破碎的瓶子。”**可恶的理查德！**

“玻璃瓶？我一直以为这些东西都是塑料做的。”加里说道。

“是玻璃的，而且有很多。你们知道，病人现在不能走出户外，除非是有我们监护的户外活动，否则只能在吸烟露台活动。显然，随着天气渐冷，没有太多的人要出去。来的访客也是要搜身的，但是这些瓶子非常小，也许可以偷偷地带进来。

“萨尔他们发现所有的瓶子都是空的。虽然我们知道，病人以前总会想办法弄毒品和酒精进来，但我不确定这次是怎么回事。奇怪的是，这些酒都是优质的顶级酒。不是乔治的小瓶子。是灰雁，银樽龙舌兰，昂贵的品牌，而且不是一两个瓶子。在过去的几个星期里，这个数字已经增加了不少。”蕾切尔保证，她不会特意盯着谁，但我忍不住觉得，我会被盯着。

2月14日 上午11：01

理查德今天早上看起来很紧张。他僵直地坐着，不停地摆弄着他的报纸、手指和拉链。他说话时，我正怀疑地打量着他。

“我知道你很难告诉我你的诊断。所以我觉得，我把我最难的故事告诉你，会是公平的。”

“今天开始之前，我们需要谈一谈。”我向前倾，双肘撑在膝盖上，像约翰尼·本奇[①]一样，看着他的脸，“你是不是把空瓶子扔在了这个单位里？”

“你什么意思？小酒瓶？”他从他的恍惚中出来。

“是啊。你拿那些空瓶子做了什么？监护人员和其他病人找到了很多空瓶子。你知道，如果你被抓到，秘密不存在了，我们的交易也结束了。”

“我把它们扔了。扔到整个机构不同的垃圾桶里。不靠近你的办公室，不靠近我的房间。都是公共场所。可以是任何人扔的。不会知道

① 美国职业棒球手。

是我干的，也肯定不会知道是你。”

“我们开了一个关于瓶子的会议。工作人员开始怀疑了，我已经让这一切持续了足够长的时间,现在该结束了。我不能再把酒放在这里了，我是认真的。”

“因为你认为他们知道这是你的吗？”

“跟因为什么没有关系！结束了，现在。我不能再喝酒了，绝对不能再和你一起喝酒了，好了，这件事说完了。现在，请继续讲你的故事。”我愤怒地交叉着双臂，双眼瞪着他，挑着眉毛，对他藐视我的行为很不满。

“这并不意味着你摆脱了困境，你知道的。即使我们不一起喝，我仍然藏着它们。交易依然存在。”他巨大的手指指着我。

“好。”我朝他点头，“但它们不能再在这个办公室里出现，你明白我的意思了吗？我甚至不知道我们为什么会开始喝酒！你最好把它们藏起来，因为现在工作人员都处于高度警戒状态。”

“我认为需要有一些调剂来帮助你分享你的故事。”

“要用两瓶酒才能让我喝醉，才能同意？我同意，是因为你在勒索我，而不是因为我喝醉了。”

“记住。我会保留剩下的酒，作为抵押品。”

“对，抵押品。我明白了。不要再在这间办公室里喝酒了。”我挑衅地向后靠在椅子上。

他不安地坐着，等着房间里的氛围恢复正常。他的脖子一左一右地扭了两下，然后张开了嘴巴。

“我从来没有告诉过这个星球上另一个人，那天发生了什么。”他一直在排练。

“你为什么要告诉我？”我的声音又软又低。

“你是我遇到的唯一一个，会因为这个故事变得更好的人。”

“你以为你会让我变得更好？”我微笑着，几乎是嘲笑。

“听我说，萨姆。”我的讽刺和怀疑不受这个故事欢迎。“我 18 岁时，遇见一个女孩，她可能也是边缘性人格障碍，这是我在监狱里学到的——你最终会被那些和你父母一样的人所吸引。即使是坏的性格。因为这是你习惯的和你知道的，所以我想我会被那些控制欲强，有点疯狂的女人所吸引——”他打断了自己的话，“对不起，我并不是想说你疯了，只是这个界限真的让人困惑。总是头一天你是最棒的，而第二天你就是最糟糕的。我永远都不知道我得到的是谁。”

我点点头，喝了一口咖啡。挥挥手，示意他继续。

“我和这个女孩约会，我想弗朗西斯是嫉妒的，因为每次当我穿好衣服准备和她出去的时候，弗朗西斯就会找一些借口，而我通常不得不待在家里照顾她。有时候弗朗西斯在晚上昏昏欲睡之后，我会偷偷溜过去见我的女朋友。其实，她的名字叫萨曼塔。呵呵。”他嘲笑这种认知。

“过了一段时间，弗朗西斯开始约会了，也许在我之前，她就已经在跟别人约会了。男人们总是爱她。她会留在他们身边一段时间，然后厌倦，愤怒，或者厌烦他们，然后继续下一个。每当她刚和一个男人分手，总是对我很好。有一次，有一个人来到家里，我以前从来没见过她的约会对象。

“她心情一直很好，我以为她好转了。但是，这天晚上，一个男人来接她。我比他高，这可能是问题所在，因为他立刻对我充满敌意。他很有优越感地、粗暴地搂过弗朗西斯的腰。我记得我想打他，但是后来我们一起喝酒了。他们都喝醉了，然后他们出去了。我在家等她。我很担心，因为他看起来不像个好人。我告诉萨曼塔，那天晚上我不能去见她了，我不得不待在家里。

“弗朗西斯回来得很晚。那是春天，太阳升得早了。她进门的时候已经有光亮了。我见过她很多次生气的时候，她打过我那么多次，但我从来没有见过她这样。她的衣服被撕裂，妆也花了。她和那个家伙肯定打架了。”理查德开始深深地呼吸，似乎专注于回忆。他闭上眼睛继续说。

“我记得她的小腿上有污垢。她回家时我很害怕。她问我为什么不屑于等她。她说，如果我只是让她和一个怪物出去，那么我就不用费心等她，看她是否没事。她说我知道她不会没事的，我不该让她走的。她嘴里叼着一支烟，开始在厨房的抽屉和橱柜里翻找。她拿起一个煎锅，追上我。我比她高大得多，但我仍然躲避，试图遮住我的头。她一直用煎锅不停地打我，说我不爱她，我不应该让她和那个男人出去。她把香烟戳在我的脖子后面。”当他讲到这时，他心不在焉地触摸着脖子上的烫伤疤痕。

“煎锅的手柄断了，我记得我以为结束了。但不是。她身上发生了不好的事情，她需要有人让她责怪。她甚至需要赢。她踢了我，她把能找到的都扔向我。过了一段时间，我突然崩溃了，我再也忍受不了了。她正在用雨伞抽打我，我从她手中夺了过来，扔在了厨房的地板上。所有东西都在地板上。当我站起来保护自己的时候，我从来没有听过像她那样的尖叫，像愤怒的魔鬼。她开始用拳头狠狠地打我，我试图抓住她的肩膀，让她停止打我，但她不会停下来。她尖叫着，不停地打，我努力保持跟她一臂的距离，让她不能碰到我。我想带她走进厨房的角落，让她的胳膊不能摆动，但是我……但是当我推着她穿过厨房时，我踩到了什么东西，然后向前摔倒了。”理查德颤抖着，喘不过气来。

“我还抓着她的肩膀，我撞向了她。她失去平衡，倒下了，我倒在了她的上面。她的头撞到了厨房的台阶，向上弹了一下，撞到我的脸。因为没有声音，我立刻知道出事了。她的脸定格在一个可怕的扭曲的尖叫声中。我不知道她是否摔碎了头骨，还是摔断了脖子，或者是什么，但不知道为什么，我知道她死了。就这样。一秒钟前，我还在试图阻止她打我，下一秒，她就死了。我记得我坐在她旁边，手里拿着一块手帕盖住她的脸，看看她是否在呼吸。我不知道如何检查脉搏。我躺在地上想要喘口气，太阳已经升起来了，然后我听见崔太太拍着门。”

我的心哽在喉咙里，咽不下去。理查德巨大的形象正在软化和缩小，变成一个 18 岁的男孩，坐在我的病人椅上。

“崔太太住在我们隔壁。她知道弗朗西斯会打我，有时候她听到尖叫声，会过来救我。弗朗西斯不会当着别人的面打我。

“我听见崔太太拍着门，我惊慌失措，因为我知道出事了。但门没有锁，所以她进来了。她一定很害怕，现场真是太乱了。地上有煎锅，雨伞，满身都是酒和烫伤的我，还有弗朗西斯。我们周围都是玻璃碎片，我喘不过气来，把手帕塞进嘴里。她立即跑出门，打电话报警。警察过来要花 20 分钟，但我没有动。我动不了。救护车也来了。

“救护人员冲进来，问我发生了什么事。我说不出任何话来。我坐在厨房中央开始呕吐。急救人员对弗朗西斯做了各种各样的措施，并尖叫着让我回答他们。警察甚至没有进来，但我能看到，他们就站在门前。一个急救人员问我是否还好，我什么也没说。我看见崔太太和警察站在外面，只是摇头。我记得我不停地哆嗦。急救人员给我盖了一条大毛毯。其他的一切都是模糊的。

“警察走进来问了我一些问题，但感觉就像他们在用一种不同的语言说话，我理解不了，所以无法回答他们。我不知道发生了什么，也不知道该说什么。我发现自己在一辆警车后座上，还披着急救人员给的毛毯，前面有两个警察在说话，但我听不见他们在说什么。他们带我去了医院，把我放到一个隔离区。警察和护士在谈话，但我什么也听不见。感觉好像又停电了——一片混乱，但没有声音。我不知道我在那里待了多久。一定是几个小时。他们给我带来了要填写的文件，不停地问我问题。我无法回答任何问题。在我进监狱之前，我什么都记不起来了。”

我的大脑似乎在缓慢地运转，花了很长时间来消化：“理查德，不是你的错。你没有杀她怎么能被判谋杀罪？你是自卫。这不是你的错！”我用手捂着嘴，话从指缝间说出来。

“就像我之前说的，你是唯一知道这个故事的唯一活着的灵魂。”

“你为什么不告诉他们？你为什么不给他们看瘀伤和烫伤？”我几乎歇斯底里。我在哭，想要改变过去。

“我不能。我不能告诉任何人她对我做了什么，我不能让她感到羞耻。我只觉得内疚。从我记事起，我就知道发生在我身上的一切坏事都是我的错。弗朗西斯花了我一生的时间告诉我，她打我，是我的错，她酗酒，是我的错，她不能工作，是我的错。就在那天晚上，她让我知道了，男人伤害了她，也是我的错。”他复述这个故事的方式，让我觉得，他现在仍然相信这一点。对我来说，他的故事太熟悉了。

“警察没有调查吗？这怎么可能？怎么可能因为一时的冲动，让一个人的半生都在监狱里？”

“不是一时冲动。很难解释。”他摇摇头，眼睛看向地面。

“我简直不敢相信你不为自己辩护，结果蹲了半辈子的监狱。”

“我不是因为不为自己辩护而进的监狱，萨姆。”他的嘴唇在颤抖，“我进监狱是因为，是我做的。”

我哭得很厉害，我在拼命地寻找理查德和我之间的区别。我和弗朗西斯之间的区别。我是理查德，我是有罪的，我是被毒打的孩子。我是弗朗西斯，我情绪不稳定，我是不稳定的残骸。我在所有这些故事中都扮演着角色，我必须离开。

2月14日　中午12：11

理查德的故事在我的生活中上演，我歇斯底里地认为，这就是我的命运，这就是我的未来，我无法承受。我跌跌撞撞地来到大卫的办公室，抱着他的大腿请求原谅。

“我不是这样的，大卫，我不是这样的！他杀了她！他杀了她，因为她和我一样，他杀了她！”胡言乱语一样的话不自觉地脱口而出，然后在他的裤子上留下了鼻涕，“像我这样的人被杀了，大卫！”

“唔，唔，唔。嘘。嘘。”大卫抚摸着我的头发，抬起我的下巴，“谁杀的？杀了谁？”

“理查德！这就是他为什么会进监狱的原因——他杀了他的母亲。”我的眼睛充满了泪水，流下来就像推出一个水球一样。“她是边缘性人格障碍。我也是！他杀了她，因为她是边缘性人格障碍！”我把脸埋在他的大腿上，我说着，希望他能原谅我，但也希望他不会真的听到我的话。

“嘘。萨姆，没事了。嘘。”大卫从他的椅子上滑到我旁边的地板上。他抱着我，一只手抚摸着我的肩膀。痉挛和抽噎使我颤抖着。大卫在我耳边"嘘嘘"地低语，亲吻着我的头发。他在让我平静下来。

大卫的安慰使我放慢了呼吸。我的胸部开始正常地起伏。他和我一起坐在地上，手臂揽着我的肩膀。我的额头上贴着汗湿的头发。他擦去我的眼泪，看着我凝视着前方。

"大卫，"我平静下来，开始说道，"我有边缘性人格障碍。精神科证实了这一点。我知道我搞砸了，但我不知道这是件坏事。蕾切尔让我总结 OMH 报告。我读了我的评估，我有边缘性人格障碍。"我深深地吸了一口气，稳住自己继续说，"我一直在和理查德见面，并取得了进展。他告诉我他杀了他妈妈，我告诉他我有边缘性人格障碍。然后他告诉我，他妈妈也是，这对我来说太过分了。我吓坏了。我在他面前大哭，我差点儿就把他踢出去了。"我前后摇晃着，双手握着我的脚踝，"我欺骗了卢卡斯。我和 AJ 睡过几次。每次我跟卢卡斯吵架，我就跑去找 AJ。但两周前我和卢卡斯分手了。我不知道为什么我没早点告诉你。"

大卫没有回应我的话。他让我倾诉，他还在抚摸我的手臂，抚摸我的头发。他不时地点头说："嘘。"我仍然盯着前方。眼泪已经流干了，我的眼睛开始刺痛："我觉得一切都塌了。我曾经知道我是谁，而且知道我在做什么，然后他们告诉我我有这种病，一切都不一样了。我希望我永远不知道。"

"别说了，萨姆。别说了。你不能坐在这自我厌弃。不是你的错，只是一个诊断。现在你有这个问题，那么我们就来处理它。这不会定义你，你怎么能这样说？"他把我拉过去，让我面对他，"你永远不会对你的患者这样说，你永远不会这么说。你为什么要对自己这么说呢？"

“当它发生在你身上时，你就不会这么说了。”我无法看着他。

“你为什么不来找我谈这件事呢？”他说道。

“我只是不知道该怎么告诉你。我害怕如果我告诉你AJ的事，你会因为我的欺骗行为，生我的气。”现在我用恳求的目光看着他。

“很抱歉地告诉你，我知道AJ的事。但是我很高兴，一切都结束了，你和卢卡斯也分手了。”

我摇了摇头，知道大卫总是害怕卢卡斯会做出什么事。“但是其他人都认为他太完美了。”

“我每天都看见你，萨姆。我看到瘀伤，看到你头发上的血迹。我告诉过你，你不是很谨慎。”

“你觉得大家都知道发生了什么事？”

“没有。我不认为有人知道。人们希望相信你是完美的。他们不想知道真相。人们喜欢假装，因为假装更漂亮。”大卫有种让每件事都变得合理的能力。

“现在我应该怎么重新假装起来？我不知道像这样该怎么生活？”

“你不应该假装起来。”我们盘腿坐在办公室的地板上，面对对方。我的手撑着头。我们听到病人和同事走过，我们放低了声音。

“那么，我现在该怎么办？我的一切都消失了。我的恋爱结束了。我在这里没有了完美的名声，我甚至没有了理智——我一无所有。”我低声说着。

“首先，活着。你需要一些时间来放松自己，找到你的方向。然后我们就会知道下一步是什么。”

“他们会解雇我吗？”

“当然不会。你是黄金女将，蕾切尔很肯定你。这个地方离不开你。”大卫不知道我没有提交我的评估总结。

“但他们不应该解雇我吗？我的意思是，难道不意味着我不适合这份工作吗？”即使我没有把整件事告诉他，我仍然需要鼓励。

“不是的。萨姆。有边缘性人格障碍并不意味着你不能胜任你的工作，你甚至会因为这个而更好地工作。也许这就是为什么你是一个比我们好的临床医生。”我忍不住嘲笑这荒谬的评价。但也许他是对的，也许我胜任我的工作，因为他们是——问道于盲。

“你在生我的气吗？我知道我最近一直不是你的好朋友。我没有处理好与朱莉的事。”

“我从来不会生你的气。只是担心。”

“对不起。我觉得从现在开始必须改变了。我需要有我的生活了。”

“你和卢卡斯分手了，你和AJ也断了关系。那些混蛋也没帮你什么忙。现在你只需要在工作的时候别喝酒。”

我直挺挺地坐起来：“你怎么知道的？”我的耳朵开始变热，汗水在背上凝聚。办公室越来越小，我感到了熟悉的恐慌感。

“有一次，你和理查德面谈之后，我听到你们在办公室说话，我知道他一直都是沉默的。我觉得很奇怪，所以当他离开办公室时，我跟着他，我看见他把一些空瓶子扔进男厕所的垃圾箱里。”

“你觉得前几天会议上的每个人都知道是我吗？”

“不会，你当时脸朝下做得很好。”他笑着对我说，递给我一张纸巾。

“你和朱莉现在要约会吗？”既然摊牌了，我要知道所有问题的答案。

“不是，萨姆，”他坚定地说，“我知道你是这么想的，但我没和朱莉约会，也没和其他任何人约会。我已经告诉过你了，她靠近我，只是因为她想靠近你。”

“那不是鬼扯吗？她想和你一起出去。我只是她的借口。”

“我知道你讨厌她，但是，就像我告诉过你的，她是无害的。我很抱歉，你在我办公室里听到她的声音，让你很难过，但是我向你保证，没有任何事情发生。”他很严肃地对我说，迫使我相信他。

“真应该找人好好修修这堵墙了，”我说，“真见鬼，我们可以透过墙听到彼此。”

他关心地看着我：“你会没事的吧？”

我嘲笑着自己的紧张，不自在，我创造了一个场景，来到大卫这里寻求救赎和赦免。“我想是的。我还有很多事要做。大卫，你不能跟任何人说。没有人知道这件事。”我伸出小指头，“好吗？”

“除了理查德。”大卫提醒我，小指钩在我的手上。

第三部分

正常世界的入口

2月21日　上午10：57

我没有吃早餐，所以我站在自动售货机前，看着面前的一大堆商品。我觉得芝士饼干和M & M豆才是真正的食物。我对糖的渴求很大，因为不能喝酒，我的身体正在萎缩。理查德在我的办公室，随时准备继续，所以我直接跳到之前讲到的地方。

“审判中发生了什么？”

“对我的审判也很模糊。我没有把我的事情告诉任何人。我没有告诉我的律师，没有告诉法官，没有告诉警察或任何人。他们得到的故事是从现场的证据拼凑起来的，以及崔太太告诉他们的。”他伸手拿起我的一块芝士饼干，塞到嘴里，“还记得我当时因为抢劫而被捕的事吗？”

“嗯，你和杰西。我记得他们让你们走了。”

“嗯，记得他们没有用我的名字登记，因为我没有告诉他们我的名字？”

“记得。”我又给了他一块，他拒绝了。

“最初，我是用约翰·多伊这个名字登记的。后来我用了威廉姆斯，弗朗西斯的姓是威廉姆斯。然后，警察在系统里发现了我的指纹，名字亨利·詹姆斯。最后，我告诉他们我的名字是理查德·麦克休。没人在乎你的名字。我的名字是被告。我的名字是凶手。这就是我的身份。

“因为我从来没有去过医院，所以我的胳膊断了没有病历可查。我的瘀伤和烫伤，那些伤疤——没有什么可以证明那些是弗朗西斯造成的。那些伤，可能是一个十几岁的男孩在玩闹中，扮演挨揍的傻瓜而来的。或者因为校园斗殴，或者在运动中受的伤。没有任何东西或证词可以证明我被虐待。他们把我定义为一个怪物，一个施虐者，一个坏胚子。他们说，这些瘀伤是因为弗朗西斯试图保护自己，他们在她身上发现了被虐待的证据，他们说那些伤是我造成的——她男友留下的伤痕。我不知道他的名字，所以我甚至无法责怪他。”

就像幸存者组织里的妇女说的那样——当局绝不会相信受害者。

“他们说我谋杀了我母亲。听的次数太多了，我开始相信。我曾经听到过很多次，我是毫无价值的，我是坏的和犯了错误的……”他那朦胧的双眼正往远处看，我在想他是不是仍然相信——甚至直到现在。

“监狱里是什么样子的？”我把手肘放在桌子上，拳头撑在下巴底下，就像一个孩子在等着听鬼故事。

“什么样的？哎。有很多不同的东西。有一种我喜欢的孤独感。没有人打扰我。如果你坚持自己待着，他们就会放任你一个人待着。我最开始是在格林黑文，但没多久，我被转到另一个中等戒备的监狱待了两年半。我的律师跟我解释了由于监狱的过度拥挤和初次犯罪，等等。我很高兴去了一个更自由的地方。”他用纸巾把手上咸咸的饼干屑擦掉，把纸巾装进口袋里。

“他们把你带到了哪里？”

“奥格登斯堡。”

“啊？我以为那里主要是针对性犯罪的。我们有很多病人，从奥格登斯堡获释后来到这里。”

“是的，很多性犯罪者。他们并不全是坏的。我在奥格登斯堡的时候很艰难。走出格林黑文后，我开始更好地了解发生在我身上的事情。大多数囚犯不会被转移——他们不会被改变风景或改变安全。我开始了解我的真相，我开始思考关于时间的问题。我那时 21 岁，在那里待的时间比我活过的还要长。我想起了从婴儿时代就已经记得的事，以及感觉。我想，尽管我的生活中有很多回忆，但所有的记忆都被那里的回忆所取代。在监狱中的记忆。外面的世界对我来说将会消失，当我被释放的时候，我更多的时间可能是在自我封闭，而不是自由。这吓到我了。”

“法法法法克。”这个词被我拖着说，就好像是四个音节的词。“你还有 20 年。”我难以置信地摇摇头。20 年前我刚刚走出高中。而在 20 年后，我将近 60 岁。

“我开始感到沮丧。我不再吃东西。我并不想让自己饿死，我只是停下来，因为我再也不会拥有任何东西——没有乐趣，没有满足感。我从不觉得饿，也不喜欢那里的食物。所以，我开始减肥，很难入睡，我晚上会熬夜。我想要尽可能地独处，所以我一直待在我的牢房里，独自坐在那里，我想一些管理员开始注意到了。

“当我停止进食时，其中一位管理员让我看心理医生。他说，和别人谈谈会对我有所帮助。多年来我没有和任何人交谈，我也没有想到我能做到。他告诉我试试看，然后给监狱里的一些人做了预约，给了我一些关于团体治疗的小册子。我去了一些团体和面谈。我还年轻，只是做了我被告知要做的事情。”

“你没有告诉任何一个医生，你妈妈真正发生了什么事？”

他看着我，很受伤的样子：“你知道我没有。”

“什么阻止了你？这是一个机会，让你通过你的感受来处理你和弗朗西斯的关系。”

“我从来没有向任何人承认过这件事。我没有告诉我的朋友，弗朗西斯是什么样子。我也没有告诉过我的女朋友，我对她说的是，弗兰的偏头痛很严重，需要我待在家里。她总是理解。我爱她，我的女朋友。她几乎和弗朗西斯一样疯狂，但我不得不待在家里的时候，她却总是能理解。如果我不能告诉她真相，那我就更不能告诉别人。”

“能讲讲关于你女朋友的事吗？”我把吃完的袋子收起来，扔进垃圾桶里。

“我女朋友？我以为你想知道监狱的事。”

“我是想知道监狱的事，但下一次你要告诉我关于她的事情。”

“哼，”他嗤之以鼻，“好吧。”

“继续说心理医生的事。你跟咨询师的面谈是什么样的呢？”

“不是咱们这样的。”他给了我一个生动的微笑，“那个医生，是一个男人。他当时只比我大一点，大概30岁。他总是问我到底发生了什么事情。他不相信律师们所说的话，也不相信记录所说的。他不认为我有暴力倾向。他会问我所有这些问题，但我从来没有回答过。我坐在他的椅子上，听他问我，我不是没礼貌，只是不回答他。我不会无视他，也不会读报纸什么的，我只是不回答。”

“死死的沉默？坐在那里一个字不说？甚至不说‘你好’？”

“六年来我一句话也没说。”

“什么？六年？不是字面意思吧。我以为你的意思是你没有谈论过你的母亲，审判或者事故，或者……我不知道你完全沉默。”

“我只是没什么可说的。”理查德似乎对此并不困扰。

“什么时候开始的？你什么时候不说话的？”

“在我开始生病的时候。事故发生后，我就不再说话了，但是当我不得不遵循法官和律师的指示时，我回答了，但除此之外，没有。我什么也没有说。”

“天哪。我无法想象不说话。”他沉默的名声显然是从监狱里带来的。

“我跟你说的那个医生，他是唯一一个没有试图让我说话的人。很多人会对我感到沮丧，开始大喊大叫。有些人会害怕，远离我。一个狱友认为我的舌头被割了，所以他花了几个星期的时间跟着我，并告诉每个人我的舌头被剪掉了，因为我是一个告密者。他还跟人说我是最好的人，因为我再也不能告诉任何人任何事情。他会在我耳边说些悄悄话，看看我是否能说些什么。他的名字叫维克多。他猥亵了他的两个侄子，说如果他们放他出去，他会再做一次。”我畏缩了一下，手拉回膝盖上。

“回到那个医生。他做了你所做的，让我去他的办公室见他。他会问我各种各样的问题，从没期待会有答案。问及我在监狱里的感受，日复一日。问及在审判中，在监狱里，在事故发生前，我是什么样子。

他称之为‘沉淀事件’。我想他是一个很好的心理医生，或者我一定是用我的眼睛，或者别的什么来回答他了，他开始有了一些理解。他认为我和弗朗西斯的关系有些不对头。”

“有一天，他问我是否可以接受身体检查。自从我离开了圣特蕾莎修女学校，我从来没有作为一个成年人体检过，所以我点了头，或者是耸了耸肩，他让我有了一个成年人的体检。他带我去了医疗队，另一个医生跟我们一起来了，他安排了全部的事情。我做了血液检查和X光，还有肺什么的。”

“他在验证他的结论，对吧？他以为他知道了什么，想看看能不能找到证据？”

“对头。他从X光片中看到了我手臂的断裂，香烟的烫伤，后背和腿上的伤疤。我猜他拿到了片子，所以他开始问我。我仍然没有回答他，但他就是知道。”

“他就是知道？他猜出来了？”

“是的，非常准确地。他开始给我带书。关于他认为我可能有什么问题的书。他给我带了关于抑郁的书，关于弗朗西斯是什么样子的书，还有炮弹休克，或者你们叫PT还是什么的。”

“PTSD，创伤后应激障碍。以前类似的症状被称为‘炮弹休克’。”

“谢谢医生。”

“不客气，病人。”

“他还给了我一些关于斯德哥尔摩症候群的东西。你知道吗？那些在瑞典银行的人质？”

“是的，那些我都知道。那个医生认为你和斯德哥尔摩综合征有相似之处，仅仅是通过观察你的 X 光片，以及跟你说话？嗯，创伤性结合。挺难以置信的。”

“他说，他认为这可能就是我没有站出来为自己辩护的原因。他说，如果骨头断裂和伤痕来自弗朗西斯，那就说得通了。”

“确实有道理，很有道理。”我叹了口气。

“所以，他开始想知道弗朗西斯怎么了。那是我了解边缘性人格障碍的开始。”

“这家伙太棒了。他叫什么名字？他发生了什么事？”理查德为什么要把这件事一吐为快，已经很清楚了。但为什么他每周二会坐在我的办公室里，告诉我他的故事。

“哦，我不知道。他离开了，或者退休了，或者别的什么。我不知道他去哪儿了。在我停了他的治疗后，他会像普通的探视一样来看我。有时我们会一起吃饭，但是我还是没有对他说过一句话。现在我希望我那时能说谢谢。”

“你不记得他的名字？”

理查德犹豫了一下：“时间过了太久了。我只记得他叫 Dr. 马克。”

“棒！”我讽刺地说，“非常有帮助。”我漫不经心地把笔扔到桌子上，“你真的不记得他的姓？”

“不知道。也许是沙尔夫，或者是斯坦因，或者类似犹太人的姓。”

“你有没有试过联系他？”

“我离开监狱后？没有，我不想打扰任何人。”

“理查德，这个人帮了你，你说你想感谢他。即使这些日子你对我敞开了心扉，我仍然想和其他认识你的人谈谈！”

“我 55 岁了，他现在应该有 60 多了。他应该不希望有前科犯去敲他的门。”

“你可以让我联系他吗？”

“为什么？”

“为了您的持续治疗！所以我想和任何了解你的人交谈。理查德，我现在是在射空弹。我很想对你的案子进行一些专业的讨论。”

“我的**案子**？这就是我对你的全部意义吗？你想弄清‘我的案子’的真相吗？啊？我在喝你的酒的时候说的那些都是真实的。你同意不把我当病人看待。”他大声地叹了口气，把身子往后一仰，瞪着窗外。

“你说，如果我们完成了这笔交易，我们都分享了彼此的秘密，那么我可以给你治疗，你需要变得更好，”我同情地说，伸出手，把我的手放在他断了的左胳膊上，“这不是交易的一部分吗？这不仍然是我的工作吗？”

他深深地吸了一口气，闭上眼睛缓缓地呼出。右手放在我的手上，他的手很大，柔软，温暖，使我惊讶。他轻轻地拍着我的手。

“好。去做吧。但你可能不喜欢你所发现的一切。”

2月24日　下午5：41

我叫大卫到我的办公室帮我找到那个难以捉摸的 Dr. 马克。

“大卫，你得帮我把这些都看一遍。”我的地板上铺满了文件，翻阅着基础材料和理查德的档案，想看看我是否漏掉了什么。

大卫坐到我旁边：“我们要找什么？”

我仍然无法直视大卫，虽然他什么都知道了，所以我一直盯着文件。“我需要弄清楚能否找到这个心理医生，他在监狱里接手了理查德的治疗。理查德今天早上给我讲了他的事，这个心理医生似乎对他有一些我们没有的洞察。我们可以找出这些故事是不是胡编乱造。搞清楚理查德到底是怎么回事！我得跟他谈谈。”

“哪个监狱？”

“奥格登斯堡，他在那里见的精神病医生。他不知道他的姓，大概是 S 开头的。他只知道他叫 Dr. 马克。”

“你看了奥格登的网站没？看看有没有临床工作人员的记录？”大卫问道。

“没有，我没费事，因为理查德说那个医生在他离开监狱前就离开了。所以，他去奥格登的时间是——什么，1984 年？那他什么时候去的格林黑文？你有那张纸吗？”

“呃……”大卫翻着文件，“有，等等。看起来他是在 1979 年 5 月被捕的，审判开始于 9 月，也就是 1979 年。1980 年 2 月，他去了格林黑文，然后在 1982 年 9 月去了奥格登斯堡。”

“嗯，他说他在奥格登待了一段时间，然后他感到绝望，监狱让他去看心理医生。我不确定日期。那上面说了吗？”我问道。

“没有，出狱信息中没有任何关于精神治疗的信息。只是陈述了释放和假释的条款，一些我不了解的法律术语，但是没有什么精神方面的东西。不在这些文件中。”

“他为什么会从一个监狱转移到另一个监狱？”我把文件放到我的腿上，抬头看向大卫。

“他没有告诉你这件事吗？”

“说了，他说过度拥挤，还说因为他是初犯，所以他们选择了他？类似的东西。”

“我从来没有听说有人被判谋杀罪会被转移到一个中等戒备的监狱。”

“我也没有，但也许是因为过失杀人。他们在审判中没有找到动机，所以他被判过失杀人罪。这说得通吗？”我对法律制度、判决和相关事情一无所知。

“找到这个医生，萨姆。因为关于这件事的很多东西都没有了。”

“我知道。有些事情不对劲。这个男人是一个谜，一个行走的问号。他一直在给我讲关于监狱的事，关于他的成长经历，但这并不能说明他在这里做什么。你意识到没有，我和他一起工作了好几个月，我仍然不知道他到底有什么问题，或者他为什么在精神病院？我们需要找到那个家伙！”

我和大卫焦虑地继续翻着文件，寻找任何可能让我们找到那个医生的线索。

“我去网上做一些初步的搜索。不尝试一下似乎很蠢。”大卫把自己从地上推到我的办公椅上。

“好，马克·S，斯坦之类的。我继续尝试在这些垃圾信息中找到答案。”

只尝试了一些字，大卫就已经点击了数百条信息了。“嗯，我在奥格登斯堡找到了所有的犯人记录。”他仔细看了一下页面，寻找答案，“我可以写信给他们！有一个监狱的笔友网站！”

“大卫，说重点。”

“有一个与法医人群相关的 OMH 网站链接。”他读了又读，又点击了我在地板上看不到的各种页面，“没什么用。他们只列出一名临床医生，是该部门的负责人。”大卫拿起我的手机，拨打了他在屏幕上找到的一个号码。我屏住呼吸，失去了希望，我可能永远也找不出理查德在泰弗洛斯做什么。

“你好，我是大卫·布卢姆菲尔德。我是曼哈顿泰弗洛斯精神病院的一名心理医生。请问你是？”我紧张地听着谈话的另一端。“凯西，你好。可以帮我个忙吗？我有个病人在奥格登斯堡监狱待过，我想联系在那里工作的一位医生。你能帮我找到他吗？”他看着我，捂住话筒，低声说：“在等。呃，还有背景音乐。”

我摘下眼镜，按摩鼻梁：“好吧，我继续在这堆垃圾里找。”

大卫拿起笔，让我给他找纸。我把手伸进垃圾桶，递给他一个纸袋，是我早上的百吉饼袋，角落里有油渍。他开始潦草地记下来自奥格登斯堡的凯西告诉他的一切。

“马克，我只知道他叫马克。精神病学家，在20世纪80年代中期的某个时候去的奥格登。”他继续写着。“嗯，他们多久回来？”他捂住话筒，“他们没有临床医生的网络记录。”

我低声问：“那么，他们怎么做工资？80年代没有电脑吗？让凯西继续查。”大卫的眼睛睁得大大的，挥挥手，让我一边去。

他认真听着，朝我点头，明白这是我们唯一的线索，我们唯一的机会去发现发生了什么。大卫再次停住，凯西大概是在挖掘我们需要的答案。我继续在办公室的地板上翻阅文件，试图大海捞针。理查德的档案模糊不清、混乱、杂乱无章。

“是的，我相信有一个心理医生，”大卫几乎是对着电话喊，“他在20世纪80年代早期治疗过我们的病人，大概是在1982年或1983年左右开始的？”大卫捂住话筒，看着我，小声说：“理查德见了这家伙多长时间？”

我耸耸肩，摇摇头。

“我不确定，凯西。你在找什么？”他停下来听着，“那太好了，一个名字就太好了。谢谢你！”他看着我，眼神交汇，然后仰靠在我的椅子上，双脚搭在桌子上，头低着，听筒夹在肩膀和耳朵之间。我在努力，他用嘴型跟我说。

大卫突然跳起来，把脚放在地上，抓起纸袋，开始疯狂地写。

“没有转发地址，好。没问题。怎么拼写？ O-a-n。好，太好了。”他站起来，比了一个胜利的手势。“拿到了！”他低声冲着我说。

在我们庆祝之前，他把注意力转回到电话上。“抱歉，什么？”困惑和失败写在了他的脸上，“原来如此。好吧。那么，能再给我点其他信息吗？”他比一个手指枪，指着太阳穴，扣下扳机。他坐到我的椅子上，沉沉地呼了一口气，继续写。一连串 mmmhmms 之后，结束了。“非常感谢，凯西。祝你有美好的一天。”他挂断了电话，旋过椅子面对我，“有三个。有三个叫马克的医生，80 年代在那里工作过，你还有其他从理查德那里得到的信息吗？”

“没有。信息不多。类似犹太人的名字。我尽力了。”

“嗯，非常好，因为伍迪·艾伦一定雇用了这些人①。我拿到了马克·斯隆，马克·希夫和马克·斯蒂尔三个名字。凯西给了我所有人的最后已知的电话号码。”

“这三个叫马克·S 的家伙，都是 80 年代在奥格登工作过？都是心理医生？”我把文件摞到一起，把病人椅拉到大卫旁边。“也许马克是世界上最受欢迎的名字，或者凯西搞错了。我们最好先谷歌一下。”

① 伍迪·艾伦曾经写过一个段子：现在这帮心理分析师！他们收费太高了。在我那个年代，花五马克，弗洛伊德就会亲自治疗你。花十马克，他不仅会亲自治疗你，还会给你熨裤子。花十五马克，弗洛伊德会让你治疗他，你可以选择任意两种蔬菜。

2月28日 上午10：32

理查德坐在我的办公室里，我们一起吃着一个百吉饼和葱油饼。他来得比预期的早，我是在他进来的时候吃的早饭，而且他看起来很饿。他知道我的秘密，我也知道他的秘密，所以我们都应该拆掉我们的墙。

“你的嘴上有奶油芝士。”他说着递给我一张餐巾纸。

“谢谢。那么，回到正事上。信不信由你，我仍然想把你的档案完成。同样的事情，我一直试图让你完成，从你来这里开始，精神病史，健康信息，案录和住院治疗信息。”

“什么，我的档案里还没有这些东西？”他脸上带着淘气的笑容。

“没有——你笑什么？”

“我没有笑。你知道我问的是，你从来没有记下任何东西吗？好吧，是我要求的，我不想有记录。”他不看我，把帽子放到报纸上。

“问一些关于奥格登的马克的信息怎么样？你没有签署同意书和释放文件吗——或者什么？”

理查德摇了摇头：“他从来没有让我签任何东西。他甚至没有要求过我。我的一生都是在监控下度过的，我不想留下任何书面记录。”

“你在监狱里被正式诊断为抑郁症吗？”

“是吧。Dr. 马克跟我说，我有抑郁症和炮弹休克的症状，我觉得这是胡扯，因为我不是打过仗的退伍兵。”

“有意思。”尽管他不同意，我还是记下来了，最后填写了诊断部分。

“有意思，怎么有意思？”

“和弗朗西斯一起生活，我把它描述为某种形式的终身战斗。”

“呵呵。我还从来没为我的生命担心过，拿着武器，按照命令杀人。”

“你确定？”

理查德没有回应。他沉默着，显得心事重重。

“你都需要什么来完成我的档案？我的讨价还价还是得跟上。”他坐直了。

“嗯，我们可以从社会心理因素的家族史开始。你坚决拒绝完成的那个。”

“家族史？你不知道吗？我父亲是个谜。一个死去的谜。弗朗西斯也一样，但我们知道她的名字和所有的事，你还需要什么？”

“弗朗西斯是否正式被诊断为边缘性人格障碍？”

“据我所知，没有。”

“那时还不叫‘边缘人’。她有没有看过医生，或服用过药物？”

“不知道。”

你知道什么？“好吧。其他孩子？”

“只有我，我想。”

“不是，我的意思是你有孩子吗？”

“难道我没有提过吗？”他瞪着我，震惊我居然会这么问。

“好吧。怀孕的呢？”

“我不知道！”他抬起双手，向后靠，“如果发生了这种事，女人一般不会告诉你。她们只是自己处理。有时候她们会要钱。”

“有没有女人找你要过这种钱？”

“没有。但是，在我离开之前，我当时那个女朋友，她暗示了我。我觉得，什么都没有发生，只是她最后的努力，想让我努力离开监狱。很正常的事情。如果你想要改变，或者你想要一个男人承诺，女人就会声称自己怀孕了。一直都是这样。”

“你和她现在有联系吗？你在监狱的时候跟她一直联系吗？”

“没有。”

“你不是说她是你生命中的挚爱吗？”

“我知道什么？我进监狱的时候，还只是个孩子。他们让我在那里待了20年。我不能让她等我！她还有一辈子要过。一辈子。我不能毁了她的一生，我已经毁了我的。”

“对不起，我不是故意的。”

“她是个神经质的女孩。如果她现在在这个办公室，你可能会告诉我，她也是个边缘人。她真的是活在别人的世界里。她爱我，她恨我。但当我不得不离开时，她又无法忍受。她无法独自面对。她猛烈地抨击审判制度。我想她认为我可以操控它，我能负责我的判刑。她认为我本可以做得更多。她责备我离开了她。我肯定她恨我，如果她还记得我的话。”

“她当然记得你！”我给了他一个我很确定的回应，“你确定她是真的怀孕了吗？”

“我从来没有想到她会怀孕。她真是个骗子。”

“她是怎么样的一个人？”

“哦，她很漂亮，是整个街区里最漂亮的女孩。蓝眼睛，金色头发。娇小、优雅、精致，但是她也会口是心非。女孩们不会像男人一样说实话，我以前不知道。即便你在看“解放胸部”的活动，给她们投票，她也不会骂你。但是，天哪，她也会说让水手都脸红的粗话。又有趣，又机智灵敏，无所畏惧的样子。她可以快速地一拳打倒你，然后在你舔伤口时，扑扇着睫毛，装无辜。”

“听起来很女人。”

“是的，她是这样的。”理查德点点头，“但那是她光明的一面。她既复杂又疯狂。在她身边我总是觉得很紧张，因为我不知道我会得到什么版本的她。跟我和弗朗西斯待在一起时的感觉是一样的，但是不知道为什么，和萨曼塔在一起，我觉得我能掌控得更多些。我可以做一些事情，引导她表现得像她自己，而不是像个疯子。”

“也许是因为你们是平等的。在一个平等的环境中，她不像弗朗西斯那样，本来就有作为母亲的权威。”

“也许吧。也许就是因为这个。”

“你们是怎么结束的？”

“我进了监狱，就没再和她联系，因为我觉得对她不公平。她前面还有人生在等她，我不想让她为我停下来。”

“你还会想起她吗？”

“这跟我说的有什么关系？”

“我只是想知道。”

“自从我来到这里以后，我想起她的时候就更多了。在监狱里，一开始，我经常想起她，我担心她没有我会做什么，但慢慢就不想了。我想她肯定找到了另一个男人，结婚了，有了孩子。她过得很好。当我从监狱出来的时候，甚至在我还没到第一个过渡教习所的时候，我就想要找到她。但是时间过去太久了，我不想再把她的生活搞得一团糟。”

“你似乎不想打扰过去的人。前几天对 Dr. 马克，你也说了同样的话。”

“你希望让你的过去回到你的生活中吗？”

“不，不想。”我转过身来，抓起那个油腻的百吉饼袋子，大卫用来写下奥格登斯堡医生名字的袋子。“说到 Dr. 马克……”我转身面对理查德，“这些名字，听起来熟悉吗？”我给他念了名单：“你能认出这些名字吗？”

“是犹太人的名字。这些应该是对的。”

“哪一个？”

“其中一个。”理查德转身望着窗外。

大卫和我查到，Dr. 斯蒂尔 1996 年去世了，所以希望他不是奥格登的那位神秘医生。我已经给斯隆和希夫留言了，但还没有回复。

3月1日　下午4：46

我把脚翘在书桌上，衬衫挂在椅背上。如果不喝酒，我的身体就会一团糟，戒酒让我像动物一样流汗。我的衬衫湿透了。我把门锁上，联系剩下两个可能是马克·S的人。

电话响了六声之后，一个声音终于出现在另一头："喂？"

"喂？"我把脚拿下来，坐直了，"你好！我是Dr. 詹姆斯，是曼哈顿泰弗洛斯精神病院的一名心理医生。请问是Dr. 马克·斯隆吗？"

"嗯？是我。"终于找到了！

"您好。很抱歉打扰您，我打电话来，是想询问您在奥格登有没有一个病人，叫理查德·麦克休？我给你留过几条言。"

"哦，是的，我收到了你的留言。他是我的病人，请问有什么需要我帮忙？"**是他！真是他！**我的心都快跳出来了，我从椅子上跳起来，只穿了个胸罩。

"是这样的，理查德被授权在泰弗洛斯接受治疗，我想了解一些背景情况。"我努力抓着听筒，把湿漉漉的衬衫穿上，"他自我封闭很严重，我从他的资料里几乎找不到任何东西。他最近提到，在监狱期间和您有过接触，不知道您能否提供一些见解？”

“你想要什么样的见解？”斯隆医生问道，他的声音听起来比我想象的要年轻得多，“我治疗理查德·麦克休，已经过了很长时间了。”

“任何能帮助我更好地了解他的东西。当时他的诊断是什么？我们的资料显示是抑郁症，创伤后应激障碍，有自杀意念，一些关于轴2特征的评论，但没有确切的诊断。除了他跟我说的事情，我没有他的家族史。我已经和他面谈几个月了，但是还不清楚他因为什么进的监狱。”我把话筒放在脖子上，系上了我的衬衫。

“我记得他是我遇到过的最令人着迷的病人之一。”

“真的吗？是什么引起了您对他的兴趣？”我想起了理查德的警告——**你可能不会喜欢你发现的一切**——我想听听Dr.斯隆知道了什么。

“嗯，在监狱里很少能看到一个男人——身材魁梧、年轻、强壮——能够坚持自我。当我听到他不说话、不吃东西时，我就很好奇。我想，这背后一定有一个不同寻常的想法，或者一个不同寻常的故事。”

“如果他从来不跟您说话，您是怎么破译他的故事的？”

“大多是他的眼睛和他的姿势。他第一次进到我办公室时，他很颓丧，肩膀下垂，低着头看我。不知道你能明白我的意思不。”我完全明白。“当我提到一些重要的事情时，他的眼睛会亮起来。经过一段时间的猜测，我给他做了一个体检，很多事就说得通了。”

“他跟我说过体检的事情。您是怎么知道那些伤痕是从哪里来的呢？”

“我不知道。但当我暗示他，可能是他的母亲时，他的表现就变了。他抬起头，挺直了背，就好像他一直背负着这一认知的重担，我的暗示让他从身上卸下了包袱。很明显的行为，我从未见过如此迅速的行为变化。”

“您跟他说过边缘性人格障碍吗？”我就像一个兴奋的孩子撕开圣诞礼物——太多的问题，答案就在这个盒子里。

“是的。当我意识到他的母亲有一定程度的虐待倾向时，他更加信任我了。他似乎想要一种解释，或者理解她为什么会这样。我会问她的行为，问他是如何成长的。他一句话也没说，但似乎在用他自己的方式回应我。他会坐起来，哪怕是那么轻微的，或者当我说到什么，引起他的共鸣时，他会揉搓他的拇指。根据他所暗示的，我推断她母亲的侧写，无疑是边缘性人格障碍。”

“难以置信。您能从她儿子的沉默中得出一个死去的女人的诊断。太令人震惊了，我都不敢相信。这家伙怎么会知道这些，而且还记得？”

“他母亲没有任何正式的诊断——她去世很久了，我也从来没有对她进行过个人的治疗，没有看到过任何记录，也没有其他的东西可以查下去。我想是临床医生的直觉吧。也或许是理查德的反应让我信服。他在监狱里是一个热爱读书的人，在我的办公室之外，我给了他一些资料——小册子和一些学术文章，描述了边缘性人格障碍的诊断标准。理查德读了我给他的每一篇文章。我想当他离开的时候，他会成为边缘性人格障碍的专家。他还借了我的《精神疾病诊断与统计手册》，翻得书页都卷边了。”理查德是那个，把那些影印本留在计算机房的人？

“还有什么，您记得的，您认为可能很重要的？您能告诉我关于他被送到这里来的事吗？我想更多地了解一下。他是在监狱里被正式诊断出来的吗？他说他没有填写任何表格，那么您呢？您有什么记录可以帮上忙吗？”我正在记笔记，希望越来越接近拼完整个拼图。

“从退休离开监狱系统后，我就没有机会接触这些了。”

“您似乎记得互动中的很多细节。您再想想，是否还有其他能帮助我的？”

“老实说，我不记得他是否收到过正式的诊断。我记得那些无声的互动，因为它们是如此独特，但诊断在病人中是司空见惯的，我没必要把它们记在脑子里。”

“有没有来探视他的人？他在监狱里有朋友吗？”

“我不知道。”他突然变得非常谨慎。

“您有没有发现什么关于他女朋友的事？他最近一直跟我谈论他入狱前的一个女朋友。您对她了解吗？”

“我想不起来了。”听起来他现在情绪不高，好像已经厌倦了我的询问。

“很抱歉我一直在打探，但我这几个月来一直在试图了解理查德，而您是这件事上唯一的一位前辈，是否还有什么您能接触到的，或许会对我有帮助。我还是不能把他的事情连起来。”

Dr. 斯隆重重地叹了一口气：“我和监狱里的同事还有联系。我可以查看一些文件，看看是否能找到相关的资料。”

“太好了。任何信息对我来说可能都会有帮助的。太感谢您了。”

“如果我找到什么，我会联系你的。”

“好的，Dr. 斯隆。谢谢您。”

挂断电话后，我不禁感到，我仍然和刚开始一样。马克·斯隆没有回答我的任何问题。理查德想警告我的是什么？

3月2日　下午3：20

敲门声响起的时候，我正坐在办公桌前。我关上网络浏览器，伸手打开门。

我不得不摘下眼镜，站起来，适应眼前的情况。卢卡斯。在这里，在我的办公室。我看向他的手和身后的走廊，寻找通常伴随这一场景的玫瑰花束。我闻了闻空气，看是否能闻到他的古龙水，如果不能，我就知道这是一个梦。辛辣的琥珀气味弥漫在我的鼻子周围，淡淡的酒精味和水果味从他的发胶中散发出来。我的手臂沉重，视野模糊。他没有带花，而是带了一个灰色的纸盒，里面装了四杯外卖咖啡。古龙水和发胶的香味被咖啡杯里的焦糖和香草味所取代。

我做过很多次这样的梦，我知道我应该感到害怕，我知道我应该关上门，尖叫着让大卫过来，但是我动不了。也许，咖啡是一种道歉或和平的表示。我在这里站了多久？

“萨姆。”他那光滑而坚硬的声音，像拍打在岩石上的海水，像雾一样填满了我的办公室。

“我不能——”我没有问候或抱歉，我试图理清思绪，说出完整的句子，让他离开这里。

“我知道我不应该来这里，但是我需要见你，你没有回我的信息，所以我来这里找你了。”卢卡斯的开场白帮我从混乱的思绪中摆脱出来。

“你绝对不能在这里。这是违反保密规定的，如果你现在不离开，我会叫保安。”

“好吧，好吧。”他举起没拿东西的那只手，“我不会久留的，我保证。”

“你根本就不应该留下来，卢卡斯。我无话可说，请你离开。”

“至少一杯咖啡的时间——我就要求这么一点儿时间。跟我喝一杯咖啡，听我说一会儿。”

“不行。我让你离开。”

“我把好喝的味道都买了来，有焦糖和香草，还有巧克力和薄荷的。你想要哪一种，或者全部？你可以把它们都拿走，但是，我能进来吗？一分钟？”他端着一盘咖啡朝我的病人椅那边示意，然后走过我身边。

他把托盘放在桌子的一角，在椅子上方盘旋，等待许可坐下。他的手放在大腿上，眉毛扬起，额头皱了起来。我微微掩了掩门，他把这个当成了邀请。他拉起裤腿坐下，深深地叹了口气。环顾办公室后，转过身去，凝视着窗外，我立刻希望街对面发生一起建筑事故，一块巨大的木板从窗户飞进我的办公室，把坐在病人椅上扬扬得意的他斩首。

我把办公椅拉到我的面前，站在它和我的门之间。门仍然开着，如果我提高声音，外面的人都能听到我的声音。我用右脚把门边的白噪声机器打开，干扰别人可能听到的对话。我的心在跳动，我必须不断地提醒自己，我不在我以前做过很多次的那个梦里。

我看了一下桌上的时钟：下午 3 点 21 分。“你有 4 分钟的时间，然后我会叫保安。”

“别紧张，放松——喝杯咖啡。”他把托盘推向我，我没有接。“好吧。”他拿出标有“焦糖”的杯子，取下盖子。他吹了吹显然已经凉了的咖啡，把湿漉漉的盖子放到我的桌子上：“我来这里是想和你讲和。”

“我已经很和了。”

“好吧，但我还没有。我对发生的一切感到非常沮丧。”

“这是你的问题，卢卡斯，不是我的。”

“是。这是我的问题。但我唯一能解决这个问题的方法就是，如果你能对我释放你内心的善良，倾听我的心声。我在处理我的问题，我在努力成为一个更好的人，我需要你的帮助。你的工作就是帮助别人，不是吗？我在寻求帮助，你是否会把我拒之门外？”他咧嘴一笑，喝着咖啡。

“我因为工作而获得报酬。**你**不是我的工作。”

“给——”他把手伸进他的后兜，掏出一个小牛皮钱包，“4 分钟收费多少钱？ 20 美元？”他掏出一张崭新的 20 美元放在我的桌上，把钱包放回兜里。

我伸手拿起钞票，直接扔进咖啡杯里。

“**你**，不是我的工作。3 分钟。”

“你真是太大方了。”他没有拿出杯子里的钱，把杯子放在我桌上，伸手去拿纸巾，他的托马斯牌粉色衬衫上洒上了咖啡。“嗯，我开始约见一些人——”**他的意思是约会还是治疗？我无法判断哪一个会让我更失望。**“——她认为，从我们的关系里走出来，最好的方法就是和你谈谈，把一切说开，多一些理解。”

“我有一个理解。你是个混蛋。现在你是别人的混蛋。”**管它约会还是治疗。**

“我们没有未来了，是吗？”

“没有。2分钟。”

“我应该怎么继续走下去，继续发短信给你，继续来你的办公室，直到你可怜我？”

“限制令？”

“我不是这个意思，萨姆。我不想一直打扰你，但没有你，我不知道要怎么继续活下去。”

“没意义了。如果你说完了，门在那。我跟你谈完了。从今往后，不用再见。如果你决定继续骚扰我，我绝对会申请限制令，尽我所能让你远离我。你对我已经造成太多伤害，现在是时候把你的尾巴藏起来消失了。一分钟。”

“所以你拒绝帮助我好起来？你拒绝营救一个溺水的人？”

“不错的尝试。”

“我没有想做什么，我只是想表明我是在向你寻求帮助，而你却拒绝了。”

“是。正确。时间到了。”我拿起电话，不等卢卡斯站起来阻止我，立即拨打保安电话。劳尔接起电话，询问是谁。

“你好，劳尔，我是詹姆斯。你能帮我个忙，派人到这里来送客人出去吗？”当我和保安说话时，我盯着卢卡斯，他看到我不是在装样子。“谢谢，劳尔。我很感激。”

卢卡斯立即站起来，平顺了一下裤子的前部，把他那件炭灰色的羊绒大衣披在肩上，把自己弄齐整。他不以为然地看着我：“我还以为你能比我们在一起时，更尊重我一点儿呢，萨姆。”

我把办公椅拉开，轻轻地把门敞开。在他离开之前，他最后一次看了一眼办公室。走过我的椅子时，他那修剪整齐的手伸过我的桌子，弹翻了咖啡杯，浸泡的20美元和黏稠的液体洒在办公桌和病人椅上。“哎呀！”他边说边走出门。我听见劳尔正走过来。

3月3日　下午1：14

我想去见大卫，但我更需要出去走走，所以我来了河滨公园散步。白天越来越长，阳光灿烂，但仍然很凉。我深呼吸，深呼吸，试图净化自己。新鲜的空气让我的鼻子发痒。

我坐在一张绿色的折叠椅上，看着人们。旁边有个大牌子，上面写着“禁止吸烟”，我用它的底座来灭烟。没有酒，没有廉价的男人。廉价的刺激，我戒了这些，但没戒烟。每个人都匆匆忙忙，低着头，穿着轻薄的外套，想让春天快点到来。他们抱着自己，抱着热咖啡。

我凝视着路人，又点了一根烟。一个流浪汉坐在我对面的小路上。他也在吸烟，戴着一双灰黑两色的露指手套，他冲我伸出烟，指着禁烟标志。我把烟夹在双唇之间，把标牌转了方向，这样它就不会对着我们俩了。那个男人微笑着，对我竖起大拇指，然后转身面对着太阳。他怎么能把烟抽得那么好。

我已经很长时间没有体会过阳光照在脸上的感觉了。我晚上喝酒，白天宿醉，把自己扔在厕所里或垃圾桶旁边。我无法在日光下隐藏这些伤痕，我无法掩盖卢卡斯的真相。我无法从匿名的男人那里偷吻。

我觉得我的一生都在躲避一些事情——我不能在日光下展示的东西，不能让别人看到我——但现在我暴露了。理查德 10 月份出现的时候，我有预感，事情会发生变化，但我不知道我会改变。他的到来似乎伴随着过去的我离开，因为我曾经是——战士，超级英雄，灾难，漫画人物。过去，我还有个依仗，我可以把我所有的不良行为归咎于酒精。我当时喝醉了,如果我清醒的话,我绝不会那样做。我可以沉湎于自怜，扮演受害者，不背负任何责任。但现在，剩下的就是我所有面具下的原材料了。是时候找到一种让我脚踏实地的方式了。

我站起来走回泰弗洛斯，把抽到一半的烟弹到人行道上。我觉得自己比以前高了。过去的我就像背了一个沉重的背包，把肩膀都拉下来了，现在我把它摘下来了。

回去的路上碰到劳尔，跟他击了个掌。我的办公室在阳光下变得温暖，一坐下就感到困倦。

电话让我的意识回笼。响到第三声，我就抓起话筒，冲着电话咆哮："喂？"

"Dr. 詹姆斯？"

"哦，"我结结巴巴地说，"是的，我是。"

"你好，我是马克・斯隆。你好吗？"

"哦，您好，马克。我没想到是您。"

"你有空吗？"

"当然。"我坐下来，喝着我那肮脏的咖啡杯里的茶。

"上次通完电话后，我查了一些监狱档案，想看看我能为你找到什么。"

“然后呢？您找到了什么吗？”

“是的。我和奥格登斯堡的很多人还保持着联系。虽然还留在那的人很少，但还是有几个人。不过，互联网出现之前的记录系统是一团糟，但是他们仍然有纸质记录的所有档案。如果我们做侦探工作，那种东西就很有用！”

“的确是。对不起，我能打断您一下吗？我回顾了我们上次的谈话，我对很多事情都不确定。理查德的诊断是什么？您有那些记录吗？”

“是的，查看监狱记录是其中之一。抑郁症和创伤后应激障碍。他的监狱医疗记录应该有这些信息。你不是有这些吗？”

“没有，我几乎什么都没有。有件困扰我的事情——虽然多年前他在监狱时，被诊断为抑郁症和创伤后应激障碍。但从他被释放，他就没有被诊断出任何问题。”

“什么意思？”马克·斯隆似乎没有跟上我的思路。

“我无法诊断他，因为他不符合任何疾病的标准。”我希望 Dr. 斯隆能明白我的意思。

“哦，不好吗？”

我的希望动摇了：“那么他来精神病院做什么？”

“哦——”斯隆医生被难住了，“哦，那么，我觉得你得跟他探讨了。”又进入死循环。

“好吧，”我叹了一口气，想要了解理查德的想法再次被打败，“您要告诉我什么？”

“哦，我想和你讨论的这个记录不是奥格登斯堡的。是他之前在格林黑文监狱时的记录。你问过我，他的朋友或访客。”

“是的。他有联系过的人？”

“记录显示一个金发女人多次来看望他。每次她来的时候，他都拒绝见她。她坐在面谈室里，经过安检过程，但从没有见到他。”

“一个金发女人？有没有更多的物理描述？他们说他是娇小的吗？”

“有一个有意思的部分，记录说她怀孕了。”

3月7日　下午1：57

今天上午的面谈结束后，理查德下午突然又来到我的办公室。他坐在病人椅上，等着我签署他日程上的一些变动。尽管他来这里很多次了，但今天整个场景都不一样了。

我放下他的日程表，看着街对面的施工队伍。他们已经在这座建筑上工作好几年了，今天我看到他们把脚手架拆下来了。现在，我又一次听到一大块木板被扔进卡车的声音。理查德看我盯着那些人。他也转过头去看工人们在做什么。

"它要回来了，是吧？"理查德说，再次面对我。

"是的，"我回答，"他们终于修复了那座古老的建筑。现在看起来很不错。非常干净。"

"就像它有了新的生命。"

"我刚刚在想。你知道——"我放下笔，摘掉眼镜，"你和我是一样的。我们相信别人对我们的看法。别人把我们变得不是自己。你是一个怪物，我是一个超级英雄。但是，最终，我们都只是人，平等的。就像你说的。"

“然而怪物不是真的，超级英雄也不是。”他微笑着对我笑了笑，拿起帽子，放回头上。

我微笑着递给理查德签名文件。他塞进口袋里，拉开门。

我们看到肖恩站在门口。他显得很焦虑，好像他来错了地方。

“嗨，肖恩。理查德正要离开。”理查德点点头，挪动了位置。

“哦，嘿，医生。好，很好，不错。我很担心，我可能又来错了时间。”我向理查德示意再见，站起来迎接他的时候，肖恩松了一口气。

“请坐，把你的东西放在你喜欢的地方。”我坐在办公椅上，肖恩在他的座位上安置好自己。他来回搜索，找地方把他的塑料购物袋放下，仿佛里面装的是他最珍贵的东西。我和他一起寻找一个好地方的时候，我发现理查德把他的报纸落在我的桌子上了。

肖恩觉得没有足够的地方放他的包，所以放到了膝盖上，看着我，等待开始我们的谈话。就在我要开始的时候，我的电话响了。

“等我一下，肖恩。”我拿起电话，是蕾切尔。她被困在一个管理者会议上，她需要我帮她一个小时后开个会。肖恩开始翻阅理查德的报纸，想在我打电话的时候打发时间。我查看了我的日历和时间表，用铅笔做了一些修改，这样我就可以帮助蕾切尔了。我又回到了我的黄金女将的马鞍上，我告诉她我会做好的。她非常感谢我，我挂断了电话，很满意，终于恢复到了正常状态。

“抱歉，肖恩。我准备好给你我全神贯注的关注了。那么，跟我说说，你最近怎么样？”

“呃，医生，你的这些报纸怎么这么老了？这是一个老消息。”他指着一处让我看。

“哦，是吗？”我看着《纽约时报》的头版，日期是从 2012 年的春天开始的。我翻遍了其他报纸，意识到它们都是同一时间段的。2012 年 4 月和 5 月。

3月11日 下午1：41

我把理查德的报纸带回家，用咖啡和佳得乐来提神，准备好好研究它们。它们正躺在我的公文包里，躺在咖啡桌旁边的地板上，我在公寓里来回踱步，紧张地盯着它们。我叫了大卫，我在等着他来。

我绕着公寓，想找点事儿做。我已经把所有的东西都整理好了，所以我反复地抖着抱枕，不停查看手机，希望时间快点过去。我走到浴室,从水池下面拿出一些指甲油。坐到客厅的茶几上,开始涂指甲油。我都没有意识到，自己的手抖得有多厉害。

门铃吓了我一跳，瓶子掉在地毯上。灰色的光亮的线条从瓶子里飞出来，溅到咖啡桌腿上。当我跌跌撞撞地走向对讲机时，我的心怦怦直跳。

从视频里看到大卫模糊的脸，我按下按钮让他进来。透过摄像机，我看到他站在前厅等着电梯，左手拿着一个纸袋，右手揉着他松软的头发。

我在门口等着电梯开门的声音，从弯道处看到大卫的脸。他转过拐角时，看到走廊里的我时很吃惊。

他从我身边走过，来到沙发旁，从包里拿出一个蜡纸包。他把三明治放在咖啡桌上，一言不发地坐了下来。

“难道你不想知道我为什么需要你过来吗？”我从厨房里拿出一些盘子，坐在他旁边。我意识到我发给他的信息可能有些含糊不清，但他似乎不太想知道我的意图。“你不好奇吗？你怎么这么奇怪？”

“萨姆，我知道，你想让我过来和你一起探索‘疯狂的事情’，我不知道你的短信是什么意思，但我心烦意乱，在我们开始你的冒险之前，我需要和你谈谈，好吗？”

“好吗？”我把脸扭成跟这个语气一样的鬼脸，有什么能比探究理查德五年前的报纸的神秘更重要。

大卫深吸了一口气，摆弄着三明治上的纸来。我坐到地上，仰靠在沙发扶手上，看着他，他俯身靠在咖啡桌上。“那天在我的办公室里，你吓了我一跳，我最近想了很多。”

“是啊……”

“我知道你害怕这个诊断会是你的死刑，因为它有这么坏的名声，但我不这么认为。”他深深地吸了一口气，打开他的三明治。我咬了一口，口干了，等着他说到点子上。“我一直都知道，萨姆。你告诉我OMH也看到了，但没有改变一件事。”他从沙发上起来，走到厨房去拿喝的，“所以，即使你是第一次发现，但我一直知道。它并没有改变我对你的看法，即使它改变了你对自己的看法。”他递给我一个雪碧，仍然没有看我。“事实上，我真的很高兴这件事发生了。因为这显然是你需要改变自己的动因。而且，我已经——”他咬了一口三明治，“我一直在等着你把自己弄明白。”他咀嚼着，吞咽着，然后看着他的三明治继续说道，“我想，也许一旦你重新振作起来，你再次感到舒适的时候——”他犹豫了一下，“——也许我们可以……”他没有说完，反而转向我，热切地看着我。

我知道他要说什么，我要在他说之前阻止他。我跌跌撞撞，不协调地试图把手伸到他的面前，让他冷静下来，但我的脚被绊住了，三明治掉在沙发上，我想稳住自己，不撞到他身上。

“大卫……”我把生菜丝从沙发上扫到盘子里，重新夹好。我很感激有事情可以分心，不用看着他。“大卫，我想我知道你要说什么，我想让你说，但我想我还不能听。”我在这次谈话中表现得真是笨拙得很，“我需要你现在只是做我的朋友，不能再进一步了。”我的右手手指上沾了蛋黄酱，手里拿着一个盘子，上面是一个散架的火鸡三明治。大卫看着我挣扎地站起来，他不是微笑，也不是讥笑，而是带着我无法辨认的幸运的表情看着我。

“你觉得我要说什么？”他傻笑起来。

“什么？”我突然惊慌失措，我把情况估错了。我原以为他会让我做他的女朋友，或者求婚，或者告诉我他爱我，或者，反正就是这样的话。“我以为你会说你想要我们……”我声音渐小，我以为他想要和我在一起，如果他不是这么想的话，那我完全被羞辱了。

他再次深吸了一口气，把盘子放在咖啡桌上，把我的盘子从我手里夺过来，吻了一下我的右手，嘴唇沾上了蛋黄酱。“萨姆，我打算告诉你，我对你有感情。不仅仅是朋友。但是，当然，你已经知道了。你总是能想到前面。我知道你还没准备好。我会等你的。我已经等了六年了，如果不得已，我还会再等六年。或者60年，或者更久。”他把嘴上的蛋黄酱舔了下来，然后把注意力转移到他的午餐上了。

“当我想让你说的时候，你听到了我的心声，对吗？”他似乎对这个结果太满意了。我没想到他会想等得更久。

“我听到了。”他的自信令人不安，“我懂你，萨姆。我只是想让你知道我在你身边。就像，真的在。”他对我笑了笑，突然，房间里好像从窗户飞进了一种尴尬的气氛。

3月11日 下午7:11

大卫站在厨房里，清理午餐的盘子，哼着电视主题曲。肩膀上搭着一条蓝条纹毛巾，每洗完一个盘子，他就把它擦干，然后放回原处，就好像他已经在这里住了好几年了。

我坐在客厅的地板上，准备研究理查德的报纸，我的公文包靠在咖啡桌腿边。灰色的指甲油污渍还留在上边。橄榄绿帆布包露出卷起的报纸，当我把它们拖到地板上时，理查德的气息充斥了我的鼻子。

如果不是肖恩给我看报纸上的日期，也许我永远不会知道。自从五个月前我们第一次见面以来，理查德就一直带着同样的东西。我的脑海在闪回，我看到了相同图片的痕迹和边缘，以及不断磨损的痕迹。我从未想过要更仔细地关注它们。它们是报纸，最常见的、最温和的日常用品。我为什么要怀疑？我对理查德的报纸从不感兴趣。我本来就不应该这样。直到肖恩给我看日期。

现在我明白，为什么他每次都摘下帽子，正好放在报纸的顶部。当然，我会注意到，是因为这几个月里，封面故事都是一样的。

2012年4月17日，《纽约时报》的日期。《邮报》的日期是5月3

日。其余的报纸也都是2012年的初春。纸张泛黄，边缘破损，所有的头版都沿着折页被撕开。边缘有油腻的指纹和污渍。

手写的笔记、便笺和潦草的字迹，通常出现在报纸的中间。从初步的观察来看，大部分信息都隐藏在《每日新闻》和《纽约时报》上。

理查德的草书字很小，有的难以辨认。有的穿插着故意写的大写字母。填字游戏和数独游戏几乎被填满了。报纸内页有的还贴了一些复印页面。语言刻板，临床上的用语。还有一些便笺贴，似乎来自不同的地方，因为有些处方上印有药品名称，有些笔记是速记的，我看不懂它们的意思。我深吸一口气，准备阅读细节。大卫脏脏的匡威全明星鞋出现在我面前。

“嘿。盘子都洗完了。你在干什么？”他在我旁边坐下，亲了一下我的额头，拿起那份《纽约时报》。

“这就是我叫你过来的原因。这些报纸是理查德的。他整天随身携带的。星期二他把它们落在我的桌子上了，我把它们带回来了。”

“所以这是一个大谜团？”

“他没有读这些新闻。”

“没有？那他在看什么？”大卫开始翻阅《纽约时报》，看到布隆伯格市长的封面文章，在头版查看日期，脸上写满了困惑。“为什么是2012年？”

“这正是我想要弄明白的。看——”我给他看我手里报纸的内容：备注，便笺贴，备忘录。我告诉他，理查德一直在报纸上研究他自己的东西，不是社论，不是故事。

“那是什么？”

“这是数据。这是信息。理查德的笔记和其他人的文章，他隐藏在他每天阅读的这些报纸里面。”

“关于什么的笔记？”大卫快速地翻遍了所有的报纸，看不清细节，也看不清实际的字词，但足以看出隐藏在里面的东西。

“关于我。”

3月12日　下午2：39

理查德所有的报纸都铺在我们面前，大卫把台灯移到地板上。他拿了一个笔记本，用来记录我们在报纸上发现的主题和要点。到目前为止，他的标题是“萨姆”“边缘性人格障碍”“泰弗洛斯”和“痊愈”。

“在《泰晤士报》的A6页上，有一份关于心理社会评估的复印件。”大卫说，“还没有填好，但上面有泰弗洛斯的标志。这里还有其他的材料——空白的复印件。”

我不知道他要保存什么，丢弃什么。为什么有些文件会在这里，但没有其他的？

“这是英国《金融时报》的一篇文章。”他放下报纸的一角，讥笑我，“我不敢相信你以为他在读《金融时报》。”他把注意力重新集中在纸条上，眼镜从鼻子上滑了下来。“他收集了边缘性人格障碍的所有诊断标准。有些是用红笔圈起来的。”

“哪些？”

“大部分，画圈的旁边都有首字母缩写。S.J. 和 F.W.。S.J. 显然是你，但 F.W. 是谁？”

“他的母亲弗朗西斯·威廉姆斯。”

“呃！他在这里记录了你们俩的情况——你表现出来的标准，以及哪些是她的。”

“读一下。”

“好的。一、我引用了《精神疾病诊断与统计手册》，‘疯狂的努力，以避免真实或想象的放弃’——旁边有你的首字母和他妈妈的。二、‘一种不稳定的、紧张的人际关系模式’，诸如此类，‘理想化和贬低之间的交替’，有他妈妈的首字母，然后是你的，你的旁边有一个问号。三、‘身份障碍’，只有他妈妈的。四、‘冲动至少有两个方面存在潜在的自我伤害’，有你的和他妈妈的，然后有一个箭头指向一些详细的笔记。”大卫眯着眼睛盯着页面的底部，“我看不懂，你呢？”他把报纸递给我，把灯拉近。

“意思是，‘F.W. 喝酒，男人，吸烟，不吃饭’。S.J. 的旁边写着‘酗酒，男人，毒品’，毒品是个问句。”我把纸推回大卫的方向。读了理查德对我的看法，我很生气。

“他怎么知道你在酗酒？他怎么知道你，还有和你在一起的人？”

“一定是——看这个。”我递给大卫一张纸。上面有我去过的酒吧的名单，那段时间我经常去的，还有酒吧招待的名字和我通常点的酒。在它旁边，有一个熟食店的名字，在我的社区，和一个卖酒的商店。米勒清啤旁边的沙布利干白拼写错了。“还记得你找到那个贴着我名字的便笺纸吗？上面有我的地址和早上上班的路线。你觉得是从这里掉出去的吗？是理查德的笔记？”

大卫把那张纸放到腿上，看着我："一定是的。但是他为什么要这样做呢？"

我忧心忡忡地看着大卫。理查德的话语像一个闪闪发光的大字幕，蹦进我的脑海：**你可能不会喜欢你发现的一切。**

我摇了摇头，继续调查："其他的边缘性人格障碍标准呢？在哪里？"

"这里——"大卫递给我《金融时报》，然后继续分析其他的记录。

还有三个标准旁边标记了我的名字缩写：六、"由于情绪显著的反应而引起的情感不稳定"。七、"长期的空虚感"。八、"不适当的，强烈的愤怒，或难以控制愤怒"。他母亲的首字母也在这三个旁边，但她也在第九条标准的旁边，"偏执及严重的分离性障碍"，他不认为我们有自杀倾向，所以他没有圈第五条标准。他是通过观察我才发现我的症状吗？他在监狱里学到了这么多东西吗？

他有一系列的书和参考书目，有数字和小数点的速记笔记。是参考了图书馆记录法吗？杜威十进图书分类系统？他去图书馆查过了吗？当我在报纸中发现更多隐藏的潦草字迹时，我发现他不仅仅是写在边缘性人格障碍的症状和治疗下，还有抑郁和创伤后应激障碍的症状旁。这后两种疾病的诊断标准旁边都有复选标记，但没有首字母缩写。抑郁症和创伤后应激障碍，理查德的这些精神障碍在监狱里就被诊断出了。

"等等，这是什么？他来泰弗洛斯之前，是在跟踪你吗？他怎么知道尼克酒吧的？希德？他去过那里和他说过话？"

"看起来确实如此，你不觉得吗？他写了酗酒，所以他一定见过我喝酒。然后他在我的办公室里找到了装酒的包，这就证实了这一点。"

“那男人呢？他在你的首字母旁边写下了男人，对吧？他是怎么知道男人的？你和卢卡斯在一起差不多一年，对吧？你背叛他了吗？我是说，除了 AJ？”

“我可能跟其他几个人睡过。但他怎么可能知道呢？他监视我多久了？”

“我对问你为什么跟其他人睡过不感兴趣，萨姆。他为什么要知道关于你的所有信息？”

“我也不知道。”我发出巨大的叹息声，“继续。”我戴上眼镜，喝了一小口雪碧。**你可能不会喜欢你所发现的一切。**

我们翻页，继续破译神秘的日志和潦草的报告。我们有逻辑性地，在大卫的笔记本记录，像时间轴。在报纸的空白部分，我们发现了几个黑色的笔画，看起来像脚手架。

“天哪。”大卫的脸变白，他直挺挺地坐着，“萨姆。这里有你的绩效考核。”

“什么？从什么时候开始？”我从他手中抓过纸张，看着熟悉的文件，蕾切尔熟悉的笔迹签名。部分用红笔圈起来。有的单词用了三重下划线。是我从 2012 年开始的年度绩效评估的复印件。

“他强调了什么？”大卫问道，伸长脖子去看。

“听起来有能力的部分。关于我是管理困难病人的典范。‘天生的领袖’，‘超凡魅力，善解人意，富有同情心’。在关于晋升潜力的部分，蕾切尔给了我所有标准的最高评分，理查德在它们旁边加了红色的感叹号。他是怎么搞到这个的？”

“你没有吗？我的办公室里有我的副本。”

“你有？我们都有？”我想不起来跟蕾切尔开完会，拿着这些副本。然后，再一次发现，过去有很多模糊的事情。

我记得我离开她办公室的时候，那些评论感觉就像一个骗局，就像我是一个诡计多端的大笨狼怀尔，一个巨大的铁砧会砸到我的头上，而我只有一把小伞保护自己。但是现在，当我在脑海里描绘那个场景时，我记得当铁砧把我的卡通形象压得湮没的时候，关于我的评价，就像飘在尘雾中飘忽不定的树叶一样，飘落下来。也许我有副本，但我能对它们做些什么呢？“天哪，如果他能在我的办公室里翻到那些乱七八糟的东西，找到那些酒，那么他也能找到这些东西。”

“但这是2012年的事。他为什么会选择这一年呢？他怎么能有时间浏览所有的报纸呢？酒装在一个大拉链袋里，对吧？这很容易被发现。但这个找起来很花时间——在你办公室里所有的文档和文件夹中找。为什么他会特意拿走**这个**呢？说不通啊。他肯定从2012年起就已经这么做了。”

“我不……我不明白这一点。”我把文件从膝盖上拿下来，折起来，仰望大卫，寻求安慰。太超现实了。我们在这种发现的刺激中保持自我，暂时取代这种完全疯狂的感觉。为什么我的病人一直跟踪我？从什么时候开始的？这里有这么多的信息，但是没有答案。

“这里有一段关于宽恕的部分。看——”大卫已经继续了，他太沉迷于他的发现，以至于在每一个发现上浪费了太多的时间。他向我靠近：“他把这几句话写了好多遍，后面两页也是。‘宽恕’，‘自我赦免’，下面这里写着‘赦免’。看起来就像一本指南书，某种自赎的语言。有很多模糊了，无法全部看出来。再看看填字游戏——‘自我宽恕就是自由’。他甚至把它填进了这些格子里。”

自我宽恕。这是一个宣言。根据理查德的说法，这是福音。这是对他心灵的一系列洞察。这是他所有评价的真实答案。

“其他的笔迹是谁的？如此的临床风格。”大卫拿着大部分的报纸。

“这也是我想知道的。我得到了这个职位，它充满了以恢复为导向的东西。但不是自我导向的东西，我说的是治疗方案，情绪调节技术，各种各样的东西。这是关于辨证行为疗法的细节，看在上帝的分儿上！谁能告诉我这到底是怎么回事？”我试图将我的情绪与调查分开，但我感到沮丧和害怕。

“呀，辨证行为疗法是治疗人格障碍最有效的疗法。”

“我谢谢你啊，Dr. 布卢姆菲尔德！”我用手举起空气的动作嘲笑他，“为什么我的病人有一份关于人格障碍的治疗方案的清单，而这些治疗方案在几年前的报纸上？嗯？我知道他对这一切都很感兴趣。我知道他的母亲患有边缘性人格障碍，他有巨大的罪恶感，因为他杀了她而不是帮助她！我明白了。他需要寻求宽恕与平和。但是为什么我也在这些页面上？到处都是？这跟我有什么关系？”

“天，我知道这是谁的笔迹了！”

“谁的？你怎么知道的？”我跪下来看看大卫找到了什么。

“监狱的心理医生。马克·S。我们想找的奥格登斯堡的那个家伙？那个搞清楚理查德经历了什么，即使他们从不说话？”

“Dr. 斯隆？你怎么知道？”

“看——”大卫拿起《每日新闻》，“有一张带有‘M.S.’字样的便笺，在这封信的复印件上，是吧？很明显，这是一封回复问题的信，明白吗？因为开场白说，他拿到了理查德要找的信息。这封信有一个相当全面的边缘性人格障碍治疗清单。有些地方是模糊的，但就是它，角落里的日期是 2012 年 3 月 27 日。就在这些报纸的日期之前。”

我在读这封信，复印件和磨损处消失了大部分内容，理查德的手写文字在边缘。页面的底部，原始信件被折叠起来，所以只复制了最后一个句子的一部分。隽秀的字迹写着：“祝你好运找到……”但后面的话就没有了。

3月13日　上午9：22

我坐在晨会上，盯着脏脏的窗户。太阳从一幢建筑物后面探出头来，照亮了窗户上的灰尘，完全遮蔽了视线。看起来像撒了干猫粮。

我的膝盖不规律地跳动着。我没吃早餐，因为紧张，我害怕吃了会拉肚子。我在喝咖啡，咬牙切齿。

包里还装着理查德的报纸，我一直低头看它们，好像它们会看到一个开口，就跳出来溜走。我期望蕾切尔快点开完这个会，我好离开这里，去找理查德。

我没有注意到任何事情，只看到工作人员和蕾切尔在琐事上喋喋不休。我感觉就像查理·布朗[①]在看着老师的脚踝，只听到振动的杂音。我陷入了慢动作，房间正以它平常的速度前进。

我看到我的同事们开始把东西堆在一起，把笔记本整理好，把钥匙从兜里掏出来，然后开始行动，走出门外。大卫给了我一个点头示意，我迅速喝掉第二杯咖啡的最后一滴，把包背在肩上。在任何人都可能

①美国漫画《花生漫画》中登场的虚拟角色，学生。

打扰到我之前，我飞出会议室的门，飞回我的办公室。

我把理查德的文件，从电脑旁的文件架上拿下来，轻轻地放在面前。我低头看着衬衫，看到我的心跳在纽扣的间隙中跳动。我的手指因咖啡因而颤抖。

档案里的第一页是他每日的日程表复印件，我眨了一下眼睛，然后寻找周一上午 10 点。尽管我尽力了，但我从来没有记住过病人的时间表，当我找到周一上午 10 点这一项时，我看到他站在电脑室，离我的办公室只有几步之遥。我的桌面时钟告诉我，我还有 6 分钟。

我还有时间来布置场景。我慢慢地把报纸从包里拉出来，小心不给书页造成任何损害。我和大卫要确保，我们不能打乱报纸中的笔记和记录的放置，我努力记住顺序。理查德做事一丝不苟，报纸的边缘总是排得很整齐。我移动、折叠、整理，直到把他囤积的东西，放在最靠近他椅子的地方。

从我第一次见到他，我们都在猜测他的罪行时，他的行为举止，无论他是否会杀了我们中的一个，看着他我都很紧张。我一直在布置我的办公室，为这次对抗，感觉就像过了几个小时，我看了看时钟，还有 4 分钟才到 10 点。

我打开一瓶水，慢慢地，沉思地喝着，同时深深地呼吸，以带来一种平和宁静的感觉——永远不会有的。虽然感觉时间停滞不前，但时间在流逝，我看到微小的白色数字，从 9 点 59 分到 10 点。我把椅子往后推，站起来。

我看到理查德坐在椅子上，眯着眼睛盯着电脑屏幕。计算机房里除他之外，只有两个病人——巴里和塔莎万卓雅。塔莎万卓雅坐在电脑前，鼠标滑来滑去，但显示器没打开。雪莉应该在这里，但没看到她。

理查德把头转向了我，但他的表情却停留在他紧张地看着屏幕的时候。他的手指着自己的胸部，口型说着，我？我点点头，然后转头示意来我办公室。他最后看了一眼他正在研究的电脑，点击页面关闭，关掉显示器。当他把褪了色的蓝色塑料椅子挪回来时，油毡上的刮擦声惊动了巴里。

巴里扭着头转身，抓住椅背，看谁在走动。他看到是理查德，看着他起身走向我。我清楚巴里的脸上写了什么，他冲我挥手，我微微地笑着，把理查德带出了房间。

3月13日　上午10：04

大卫和我一直熬到太阳升起，我一直在脑海里排练这段对话，试图把理查德和他的报纸秘密拼凑在一起——但是所有的文字都卡住了，卡在我的喉咙里。

理查德坐到椅子上，犹豫着看着我："我们现在应该面谈吗？"

我盯着他，无视他的话，装作不经意把目光从他身上移到报纸上。

"哦，"他看到我看着报纸，亲自检查，然后转向我，"哦，这些啊。"

"是啊。这些。"我头脑中精心制作的所有精彩的评语和问题，都从我的耳朵里掉了下来，落在地上碎成一堆。

理查德发出了几声深沉而沙哑的呼吸，手指在他的肚子上交错。他向窗外望去，望向街对面的建筑工地，一个被脚手架和尘土包围着的闪亮的新门面。"你全读了吗？"他随意地往后一靠，似乎对这次谈话的重要性毫不在意。

"读了。所有我能破译的。"

"然后呢？"

"然后呢？**然后呢？**你在问我？问你自己！我该怎么理解这一切？

你一直在跟踪我？你是这里的病人吗？”平静已经过去了，现在我开始抓狂了。

“啊哦。”他迅速坐起来，面对着我，“我当然是这里的病人！我的名字是理查德·麦克休，我从来没有说谎。嗯，我基本上从不说谎。我从来没有对你撒过谎，直接地。”

“什么意思？”

“我可能用了一些不诚实的手段进了这里。”他紧张地搓着大拇指。

“可能用了？你不是一个真正的病人，对吧？”我把椅子推回门边，又一次害怕他。他第一次走过我的门的感觉，正冲回我体内。

“严格说来，我是。我被医生送到了这里。但是，不，这不是我的假释条件。我在出狱后的几年里没有再次犯罪，这是假释的条件。你应该可能知道这一点。而且，我在这里不是因为我需要治疗。”他举起双手，表示服从。

“那你来这里做什么？你到底是怎么进来的？”

“进入这里并不是很难。你需要的就是一个医生打电话给另一位医生，填写几个表格。然后我就在你门口了。”

我开始喘粗气，我可以感觉到左鼻孔里的鼻涕堵塞了我的呼吸，发出一种呼啸的声音。我从桌子上的纸盒里抽出纸巾，然后开始擤鼻涕，像汽车喇叭的叫声，让理查德感到不安，他看起来很反感。

“冷静，萨姆。”

“每个人来到这里，是为了治疗和痊愈，然后离开这里。而你，为了你的自私议程而来，为了你自己的精神病——我甚至不知道什么病——你在占用别人的待遇！你考虑过吗？你考虑过如何装模作样，操控体制，你考虑过怎样才能让别人去死？”

“诚实地说，我没有。”他的镇定与我慌张的愤怒形成了鲜明的对比，我们是在两部不同的电影里。

“那你想的是什么？把这一切解释给我！”我的手重重地拍到这堆报纸上，让人恼火的是，一个坑都没砸出来。

“我**在**解释，但你需要冷静下来。这对我来说也不容易，你知道的。你这样的话，我不会和你说话。”他抱着双臂，打断了谈话。

我深深地吸了一口气：“请，继续。我会**冷静**下来。”我被激怒了，我想摇晃他的肩膀，直到把真相从他的脑袋中晃出来，我才能明白，到底是谁，一直坐在我办公室里的，到底是谁。

“我开始了？谢谢！”他伸开双臂，继续说，“正如我所说的那样，想要进入精神病院是很容易的。你所需要的只是某个职位上的人，愿意做推荐人。我从不撒谎，萨姆。我从来没有告诉过你任何不真实的事情。你知道这一点很重要。”

“Dr. 马克。他是‘某个位置上的人’，是吗？他做了推荐？”

“是。他和我保持联系。我告诉他我需要进一步的治疗，而且我一直在研究去哪个机构。我告诉他我想来这里。”

“你告诉过我，你离开奥格登斯堡之后再也没跟他说过话了。”

“你说得对。我确实这么说过。我很抱歉我撒谎了，但是我不能让你知道发生了什么事，直到我准备好了。”

“准备？准备好**什么**？到底是怎么回事？”我想哭，我想发脾气，我想跺脚，直到他回答我！

“准备好告诉你一切。”

"你现在准备好了吗？"

"哎，我想我现在必须准备好。你已经发现了这些报纸，而且你已经阅读了我的笔记。我不想让你感到困惑或害怕。我需要告诉你。"他伸出双手，恳求我冷静下来。

"我没有安全保障！我怎么能不害怕呢？我读了你的笔记，你详细的，有攻击性的，奇怪的笔记！关于我的！你认为我读这些时会发现什么？所有的答案吗？我现在有更多的问题。"当我意识到我是在办公室里尖叫时，我站起来踢了白噪声机。

"如果你问我关于你不了解的事情，也许会更容易些。"

我倒在椅子上，气急败坏："一切。我一点也不懂。你为什么把所有的诊断资料都放进去了？精神疾病诊断与统计手册？"

"我不像以前那样记得住事情了。我必须记住如何表现。当你情绪低落的时候，你自然会表现得好像你很沮丧。但当你变好时，你很难记住抑郁是什么样子的。我需要看一下那部分。你是这里最好的医生，这是我发现的，所以我知道如果我做得不对，你会看穿我的。"

"所以你列出所有的标准，所以你知道如何表现抑郁？那创伤后应激障碍呢？全是谎言？"

"不是——萨姆。你没有在听。"他激动地摇了摇头，感到沮丧，"没有一个是谎言。"

"你真的杀了你的母亲？是胡扯吗？"我觉得房间在旋转，我什么都不知道了。

"我所说的一切都发生了，正如我所说的那样。我在和你说话的时候，我没有说谎。从来没有。一次也没有。"

“如果你不属于这里，你为什么在这里？”我把头放在膝盖中间，让椅子尽可能地远离理查德。那些笔记的图像以极快的速度掠过我的脑海，我无法集中注意力在细节上。我有很多清晰的要点，是让人很困惑的，我还没有得到答案。我仍然不明白。

他没有回应我。

“你写了宽恕。”我微微抬起头，看着他，试着回忆我想问的个人问题。他的清醒和合作帮我克服了恐惧，我开始冷静下来。他的声音缓慢而有条理，他想帮我理解。

“是的。这是 Dr. 马克说的。我在读《启示录》的时候，在过渡教习所，我并没有好转。出狱比我想象的要难得多。我以为自由会包围着我，我会重新创造一个生活。但我没有。自由的感觉从来没有出现过。不管我读了多少本书，不管我重复读了多少遍，不管有多少次我向自己保证，我可以继续前进，但我做不到。我觉得我的惩罚还不够。我没有家人了。我没有家人的原因是我杀了我唯一的家人。当问题变得太多时，我担心我永远不会好转，我把最接近的东西称为我的家人。我打电话给 Dr. 马克。我在电话里寻求治疗。他想让我继续看《启示录》，他说，在我治疗期间，有一个安全的归宿，是很重要的。所以我们每周都打电话。”

“这就是为什么他记得你那么多事。但是当我跟他打电话的时候，他却没有告诉我。他为什么不告诉我，他是你的治疗师？”

“是啊——”他看着他的脚，用大拇指指了指，“这就是为什么当你说你想和他说话时，我会很紧张。所以我告诉你我不记得他的名字，让你更难找到他。我给他打了电话，告诉他我还没准备好，我不想让他和你分享我的秘密——如果你找到他的话。他说他不能骗你，他也不想卷入任何欺骗。我让他含糊其词。我想我撒的谎比我想象的要多。我很抱歉。我的目的绝不是欺骗你。”

“我希望你能准确地告诉我，你的意图是什么。”

“Dr. 马克是那个把宽恕的想法灌输给我的人。你刚才在这间办公室里对我说的同样的话。他说，如果想继续前进，找到自由的感觉，我必须宽恕自己所做的一切。他说，自我宽恕就是自由。所以，我试着找出如何去做。

“我和教堂的人谈《启示录》，我问他们关于宽恕的事。我问他们如何宽恕。他们总是告诉我们需要做什么，但从来不告诉我们怎么做。所以，我看书。我不再问问题，而是埋头读书，寻找答案。哲学书，心理学的书，回忆录，传记。我突然意识到这一点，我需要补偿。‘一报还一报’。我杀了人。所以，我必须救一个人。”

“所以，你去找人来拯救？你为什么不加入消防部门呢？”我嘲笑地笑了笑，摇了摇头。

“还记得杰西吗？我伍德赛德的朋友？”他把桌子上的肉爪缩回去。

“是的，停电事件。你们一起被捕。”

“对。我不再看《启示录》后，去找了他。我没有其他地方可以开始，回到世界。所以，我去找杰西，他就在电话簿里，还住在老社区里。他在曼哈顿的一个小餐馆里，跟我喝了一杯咖啡。他看上去还是跟以前一样。同样的头发，同样瘦长的四肢。我想他见到我似乎很高兴。他在一家建筑公司当高级职员。我们聊了一会儿之后，我问他能否帮我找个工作。我想要一些不入账的工作，杰西说他可以在他负责的那块儿给我安排个事儿做。”理查德的目光慢慢地回到了窗口。

“所以他让你在街对面工作？你在街对面工作吗？那你是怎么找到我的？”我再次望向窗外，看着那个建筑工地。理查德曾经在那里？

“我**要求**去那个地方。我已经找到你了，但在我接近你之前，我需要了解更多关于你的事情。”

“理查德，这是疯子的行为。你来这里之前，在那里待了多久？”我拽着衬衫，把袖子拉到手腕上。我本能地想保护自己，想逃出去。**你可能不会喜欢你所发现的一切。**

“几个星期，几个月——就这么多吧。我跟了你几次。当我第一次找到你时，我不确定自己在做什么。我需要了解你，当然，远远地。”

“这就是你拿泰弗洛斯文件的原因？去了解我？你是如何看待我的表现评价的？”我的嘴巴干了，喉咙开始抽筋了。

“事实上，这是一种不可思议的幸运。当我第一次寻找信息的时候，我翻了小巷里的垃圾袋。大部分的文件都被撕了，或者撕成了碎片，但我还是会找到完整的。通常，是没有填满的文件，但也是有用的。材料登记、心理测试——这些东西帮助我弄清楚如何表现，如果我想进到这里的话。但后来我发现了你的绩效考核。有一些说的是对的。它被弄皱了，上面有咖啡渍，但它已经签了名，所以我认为它一定很重要。所以，我把它塞进了我的口袋。

“它说你简直太完美了，是这里最好的医生，拯救每个人的一天。但是当我跟着你的时候，我看到你离开了工作，你并不舒服。在弗朗西斯去世之后的许多年里，我都知道关于边缘性人格障碍的研究，而且很容易辨认。我知道你在承受痛苦。”

一种奇怪的寂静像温暖的毯子一样笼罩着我。我的呼吸变软了，眼泪从我的眼睛里慢慢地流了出来。我开始明白了。

“这就是为什么你有治疗清单——你是来治疗我的。你学会了如何让它变得更好，如何让我变得更好，你让自己变成病人，这样你就可以来‘拯救我’。这样你就能找到自由所需要的宽恕。”报纸上的笔记仿佛出现在我的头顶上，粗体字凸出来。我把所有的碎片拼在一起，我知道了他在做什么。

“是。我为你而来。”

“但为什么？为什么是**我**？”

3月21日 上午7：44

地铁是一个很有趣的东西。你既不是在这里，也不是在那里，它用它的方式在转换着。我离开了在第十四街车站的我，成了最后一站的我。

我下车的时候，把OMH评估报告放到了地铁站的一个垃圾桶里，当清洁人员把垃圾倒进一个黄色的帆布垃圾袋里时，我已经停止与我是谁的真相抗争了，我松开了拳头，现在是时候自救了。

地铁站和单位之间有一个通道，这里的风总是会把城市里的每一件东西都踢出去。我还没有准备好迎接我的一天，直到我擦掉眼角的一些恶心的东西，把头发上的碎片弄掉。

我们在街角碰面时，我牵住大卫的手。他吻了吻我的脸颊，我的心变得温暖。他递给我一杯咖啡，然后我们走向泰弗洛斯。今天是星期二。

当我们走进大门时，大卫看着我："你今天什么时候跟你爸面谈？"

"上午11点，"我说，"像往常一样。"

致　谢

感谢我才华横溢的经纪人玛丽安·杨。如果没有她，我就会独自坐在咖啡馆里，不知道自己是否能出版一本书。感谢你的支持和奉献，你的指导、鼓励和建议。感谢你对我的信任，对《那个特别的疯子》的信任，感谢你的不懈努力。

感谢我无与伦比的编辑，丽兹·斯坦，谢谢你给我和《那个特别的疯子》的机会。谢谢你帮助萨姆和理查德成为他们最好的自我，并让我成为一个真正的作家。

感谢你们的耐心和理解，感谢你们愿意容忍我的怪癖和古怪的嗜好。

这是一个超级棒团队。

感谢公园街出版社、哈乐昆出版社、哈珀柯林斯出版社，感谢你们的才华，感谢专业团队为本书所做的工作和帮助。

感谢我的家人，感谢你们的爱和支持，自豪和忠告。

我的丈夫，鲍比，绝对是这一切的成就者，反复地阅读，读到吐，反复地重听，听到吐。没有你，我做不成这件事。

感谢 EB 博士，EF 博士和 JLBZ 博士的专业意见、坚定的支持和能力，成就了我。

感谢 M，把控大局。